畜禽高效规范养殖丛书

笼养肉鸡40天

张秀美 ◎ 主编

山东科学技术出版社
·济南·

图书在版编目（CIP）数据

笼养肉鸡 40 天 / 张秀美主编 .-- 济南：山东科学技术出版社，2021.3（2024.10 重印）
（畜禽高效规范养殖丛书）
ISBN 978-7-5723-0839-0

Ⅰ.①笼… Ⅱ.①张… Ⅲ.①肉鸡－笼养 Ⅳ.①S831.4

中国版本图书馆 CIP 数据核字(2021)第 027298 号

笼养肉鸡 40 天

LONGYANG ROUJI 40 TIAN

责任编辑：于　军
装帧设计：孙非羽

主管单位：山东出版传媒股份有限公司
出 版 者：山东科学技术出版社
地址：济南市市中区舜耕路 517 号
邮编：250003　电话：（0531）82098088
网址：www.lkj.com.cn
电子邮件：sdkj@sdcbcm.com
发 行 者：山东科学技术出版社
地址：济南市市中区舜耕路 517 号
邮编：250003　电话：（0531）82098067
印 刷 者：济南升辉海德印业有限公司
地址：山东省济南市高新区科创路 2007 号院内东车间 3 号
邮编：250104　电话：（0531）88912938

规格： 16 开（170 mm × 240 mm）
印张： 9.5　**字数：** 156 千
版次： 2021 年 3 月第 1 版　**印次：** 2024 年 10 月第 3 次印刷
定价： 48.00 元

《笼养肉鸡 40 天》

主　编　张秀美

副主编　刁秀国

编　者　许　毅　樊兴国　董　宏　王继善

　　　　刁秀国　李志中　王　冲　李艳红

　　　　秦立廷　房曰国　张秀美

前言

近年来，商品肉鸡笼养已成为主流趋势，一些早期建成的地养和网养鸡舍也纷纷改造成笼养型式。我们通过对地养、网养、笼养等肉鸡养殖模式的比较调查发现，肉鸡笼养的各项生产指标优势明显，养殖效益提高显著。目前肉鸡笼养主要有以下几种模式：

（1）新建鸡场：鸡舍设计要求宽 16 m 左右，长 90~100 m，檐高 2.7 m，轻钢屋架保温屋面，每栋鸡舍土建成本 50 万 ~55 万元。设备按 3 层 H 型框架笼具预算，为 60 万 ~65 万元，其他线缆环控和非电力采暖设备等配套设备 15 万元 / 栋，每栋鸡舍饲养 3.5 万只鸡，每只鸡投入成本约 40 元。框架笼结构整体性好，不容易变形，经久耐用，而且有利于自动化升级（如自动出鸡，调节板升降等），目前该种型式笼养应用最多。

（2）地养改笼养：鸡舍要求为最低檐高 2.5 m。设备按 3 层元宝笼具预算，为 40 万元，其他包括增加风机、湿帘等改造 5 万元，每栋鸡舍饲养 3 万只鸡，每只鸡新增投入约 15 元。因框架笼不仅要求檐要高，而且要求地面水平，一般改造鸡舍很难达到要求，所以多选用元宝笼具。

（3）网养改笼养：鸡舍要求、笼具和其他配套设备投入，与地养改笼养相同。目前有很多鸡场把原来的网床改成笼养网底，增加支架和侧网，而且原来的旧水料线都能再次利用。如改成两层笼养，每只鸡新增投入仅 8~10 元。

笼养肉鸡的管理重点是环境控制。立体养殖鸡密度大，温度要求比地养略低，忽冷忽热是养鸡之大忌。实践证明，在恒定低温条件下饲养鸡效果更好。一般育雏温度在 32~33℃，第一周降至 29℃，以后每周降 2℃，直至 18℃。此外，要密切关注天气情况，时刻掌握外界温度，同时根据所需温度适度调整通风量。夏季养鸡要防止高温中暑，尤其是30日龄后的鸡群，及时启用湿帘非常重要。空气过于干燥会导致鸡上呼吸道黏膜炎症，诱发咳嗽。细菌、病毒也会附着在飞扬的尘埃上，进入鸡上呼吸道诱发疾病；尤其是2周龄内的雏鸡舍，很容易出现湿度不足的现象，地面或墙壁喷水加湿是笼养常用的方法。一般情况下育雏期间空气相对湿度应掌握在60%~65%，逐渐降低至55%~60%。

笼养肉鸡是立体养殖，相对平养单位面积内鸡只多、密度大，通风管理是重中之重。通风不好会造成鸡缺氧或后期腹水。在能够满足温度的情况下，通风量宁大勿小。根据外界温度、空气质量、室内湿度、鸡只日龄所需通风量的大小，及时调整风机个数、转速和时长。在实际养殖中，冬季笼养鸡舍的最低通风量可以比地养少1/3。直立式三层笼养，下层采光相对不足，但不影响鸡吃料，上下层鸡体重增长无明显差异。每平方米可饲养肉鸡20~22只， 每平方米产肉50~55 kg，养殖效率比地养鸡和网养鸡大大提高。笼养鸡平均成活率可达98%，比地养鸡提高4%~5%。笼养鸡活动少，体能消耗小，同样5 kg体重比地养可提前出栏2天。笼养肉鸡平均料肉比1∶1.5左右，比地养鸡可节约非常可观的饲料成本。鸡立体养殖，避免了鸡只与垫料的直接接触，粪便及时清理，后期湿度能较好控制，肠道和呼吸道疾病的发生率会明显降低，大大降低用药成本，食品安全更有保障。

综上所述，笼养肉鸡在饲养管理和养殖效率等方面有着明显的优势，但也存在很多的问题，如设备要求高、投资大，上、中、下层笼温度、光照调整均匀难度大，中后期通风量与通风模式需要精细化设计，等等。

本书写作风格言简意赅，用总结性、启发性的语言，把笼养肉鸡过程中的关键点和细节讲述出来，注重实践和操作，以期达到读者看了本书，整个养鸡流程就历历在目的效果。

由于我们水平和时间有限，书中疏漏在所难免，承请读者多提出宝贵意见，以共同促进我国肉鸡养殖业的健康发展。

编者

目录

第一章　笼养鸡场建设 …… 1

一、场区选址 …… 1
二、场内设计 …… 7

第二章　笼养鸡场空舍期要求 …… 15

一、空舍期主要工作 …… 15
二、鸡舍的清洗和消毒 …… 17
三、水线的清理和消毒 …… 22
四、灭鼠和防鸟 …… 25
五、设备维护保养 …… 27

第三章　进雏前的准备 …… 36

一、鸡舍预温 …… 36
二、鸡舍温度与湿度 …… 38
三、准备好饮水 …… 40
四、准备好饲料 …… 42
五、设定好光照程序 …… 43
六、准备好疫苗和药品 …… 44
七、在鸡笼哪一层育雏最佳 …… 44
八、育雏密度 …… 45
九、进鸡前检查工作 …… 46

第四章　笼养肉鸡技术 …… 48

一、第一周管理 …… 48
二、第二周管理 …… 64
三、第三周管理 …… 68
四、第四周管理 …… 69
五、第五周管理 …… 71
六、第六周管理 …… 71
七、笼养肉鸡成功关键点 …… 74

第五章　肉鸡的饲料与营养 …… 78

一、肉鸡全价料喂养阶段 …… 78
二、饲料无抗的要求 …… 86
三、肉鸡维生素、微量元素缺乏症 …… 92

第六章　通风管理 …… 95

一、鸡舍通风模式 …… 95
二、笼养鸡舍一般通风设计原则 …… 98
三、肉鸡舍负压通风原理 …… 100
四、笼养肉鸡舍最小通风 …… 103
五、通风小窗位置高低 …… 105
六、侧墙风机 …… 108
七、变频风机 …… 110
八、鸡舍湿帘 …… 111

第七章　笼养肉鸡疾病防控 …… 117

一、笼养肉鸡常见疾病 …… 117
二、 免疫程序 …… 129
三、免疫检测 …… 133
四、药敏试验 …… 137
五、科学用药原则 …… 140

第一章
笼养鸡场建设

一、场区选址

科学合理地选择场址，不仅要考虑生产的需要、饲养管理模式、养殖规模化水平等特点，还要考虑地势、地形、水源、土壤、地方性气候等自然条件。基于“一条龙”生产商品肉鸡的目的，肉鸡养殖场选址的主要决定因素是区域规划、土地性质、生物安全、设施配套等。

1. 区域规划

肉鸡养殖场选址必须符合当地农牧业总体发展规划、土地利用开发规划和城乡建设发展规划的用地要求。自然保护区、生活饮用水水源保护区、风景旅游区，受洪水或山洪威胁有泥石流、滑坡等自然灾害多发地带，自然环境污染严重地段，不宜选址建场。

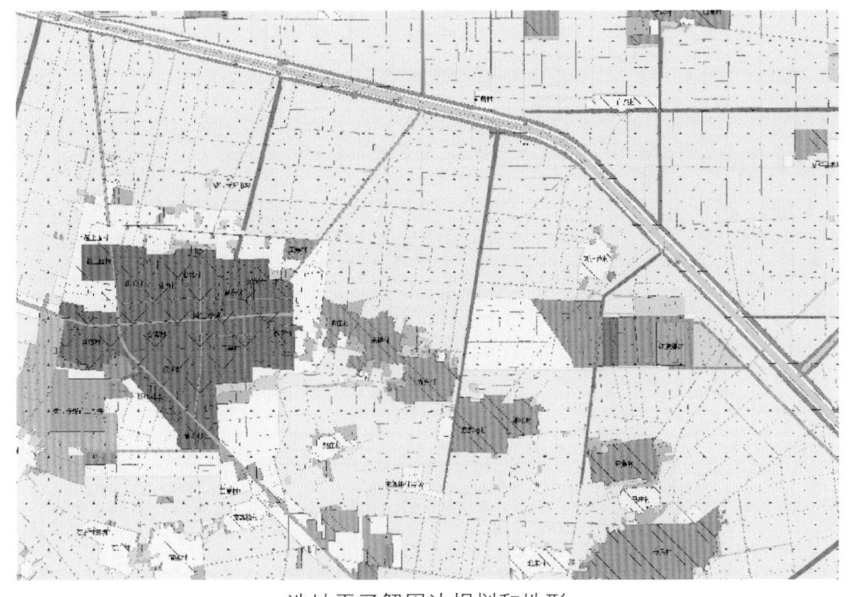

选址需了解周边规划和地形

建场前需要将相关手续（土地变更、环评、土地租赁、动物防疫许可证等）与政府各部门及时沟通，确定该地块符合政府规划，相关手续齐全，避免违建。

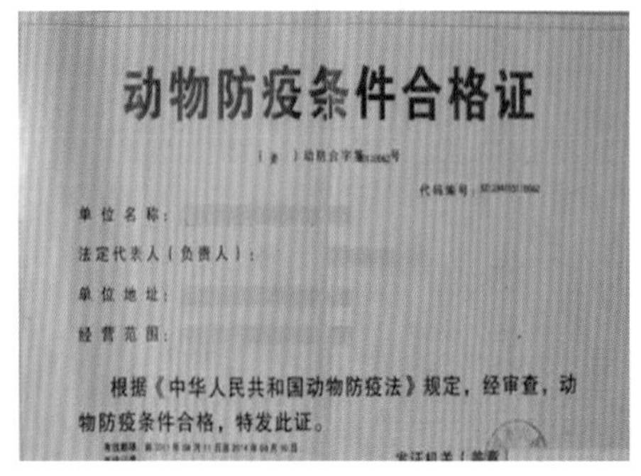

动物防疫条件合格证

单位名称：

法定代表人（负责人）：

单位地址：

经营范围：

根据《中华人民共和国动物防疫法》规定，经审查，动物防疫条件合格，特发此证。

建设项目环境影响评价资质证书

机构名称：

住　　所：

法定代表人：

证书等级：乙级

证书编号：国环评证乙　字第　　号

有 效 期：至2016年3月14日

评价范围：环境影响报告书范围 — 冶金机电；社会区域***

环境影响报告表类别 — 一般项目环境影响报告表***

建设项目环境影响登记表

填报日期：2018-02-22

项目名称			
建设地点		建筑面积(㎡)	8976
建设单位	/	法定代表人或主要负责人	
联系人		联系电话	
项目投资(万元)	220	环保投资(万元)	45
拟投入生产运营日期	2018-03-01		
建设性质	新建		
备案依据	该项目属于《建设项目环境影响评价分类管理名录》中应当填报环境影响登记表的建设项目，属于第1 畜禽养殖场、养殖小区项中其他。		
建设内容及规模	建设内容：该肉鸭养殖小区共建设肉鸭棚舍8栋，建筑面积共8976㎡。共建设50公分厚有机发酵床面积达8800㎡，并配备两台翻耙机翻耙发酵床，有效促进生物发酵。		

排放污染物许可证

单位名称：

法人代表：

单位地址：

许可内容：详见《排放污染物许可证》（副本）

有效期限：　年　月　20日止

发证机关：

签发日期：

建场相关手续

2. 土地性质

土地性质划分需要参考《全国土地分类》，其中设施农用地、畜禽饲养地归属于其他农用地大类，即在肉鸡养殖场建设前需要做土地变更。肉鸡场区最好为透水性强、吸湿性和导热性小、质地均匀并且抗压性强的沙质土壤，地下水位应低于鸡舍地基深度0.5 m。

3. 生物安全

鸡场首先要规避人口密集区、主河流、主干道、化工企业、其他养殖场，选址需要符合《畜禽规模养殖污染防治条例》《动物防疫条件审查办法》（农业部令2010年第7号）规定。

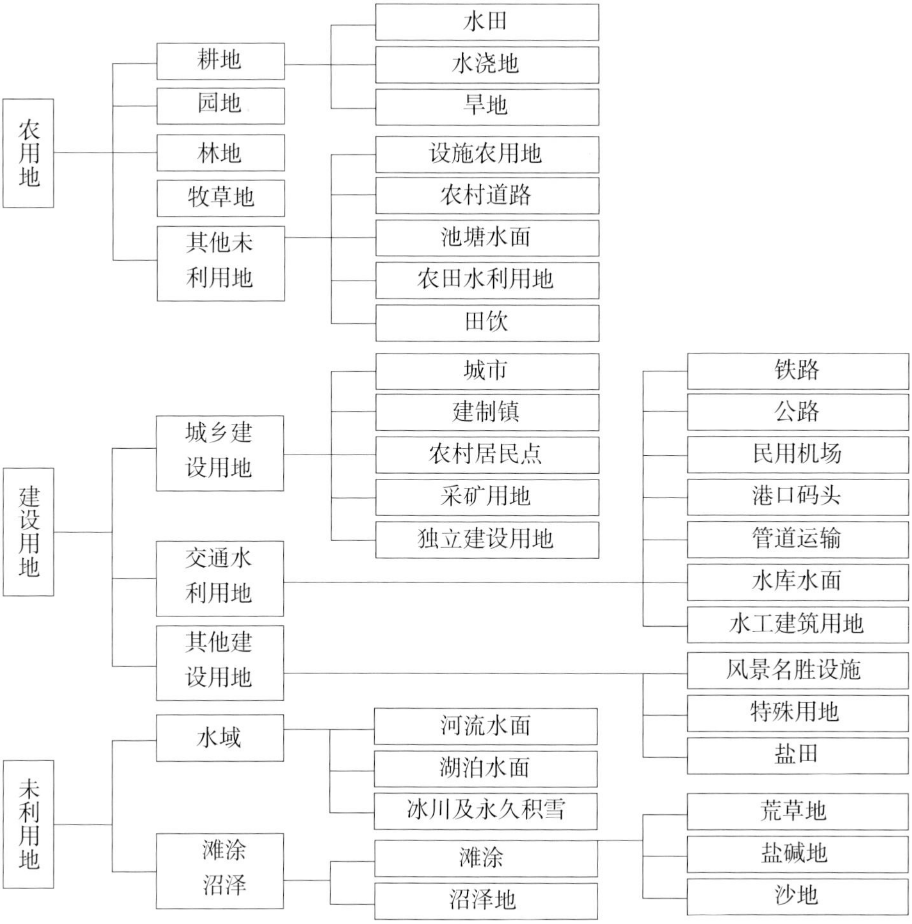

- 农用地
  - 耕地
    - 水田
    - 水浇地
    - 旱地
  - 园地
  - 林地
  - 牧草地
  - 其他未利用地
    - 设施农用地
    - 农村道路
    - 池塘水面
    - 农田水利用地
    - 田饮
- 建设用地
  - 城乡建设用地
    - 城市
    - 建制镇
    - 农村居民点
    - 采矿用地
    - 独立建设用地
  - 交通水利用地
    - 铁路
    - 公路
    - 民用机场
    - 港口码头
    - 管道运输
    - 水库水面
    - 水工建筑用地
  - 其他建设用地
    - 风景名胜设施
    - 特殊用地
    - 盐田
- 未利用地
  - 水域
    - 河流水面
    - 湖泊水面
    - 冰川及永久积雪
  - 滩涂沼泽
    - 滩涂
      - 荒草地
      - 盐碱地
      - 沙地
    - 沼泽地

选址遵守相关规定

鸡场距离生活饮用水源地 2 000 m 以上，距离动物屠宰加工厂、动物和动物产品农贸市场 500 m 以上；距离种畜禽场 1 000 m 以上；距离动物诊所 200 m 以上；动物饲养场（养殖小区）之间距离不少于 500 m；距离动物隔离场所、无害化处理场 3 000 m 以上；距离城镇居民区、文化教育科研等人口集中区域及公路、铁路等主要交通干线 500 m 以上。即鸡场场界与禁建区域边界的最小距离为 500 m。

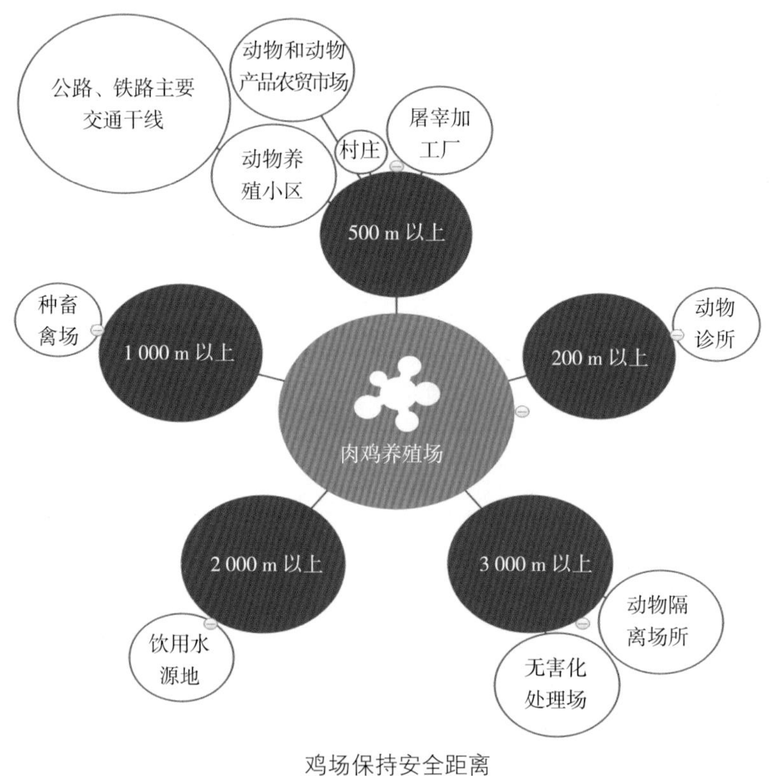

鸡场保持安全距离

4. 设施配套

鸡场选址通常要求“四通一平”，即通水、通电、通路、通网，土地相对平整。

建场之初，首先考虑的是通水，保证水质。肉鸡生长对水质的要求很高；水源充足，能够满足鸡场生产、生活、消防用水需要，具有独立的自备水源（井）；饮用水必须符合国家《畜禽饮用水水质标准》和《畜禽饮用水中农药限量指标》；切忌在严重缺水或水源严重污染的地区建场。

洛阳中科基因检测诊断中心有限公司　　第 3 页 共 3 页

检 测 报 告

报告编号：20190949

受检单位	洛阳六和远建养殖场		送样人	刘强
收样日期	2019.06.21		检测日期	2019.06.21~2019.06.24
样品名称	禽饮用水样	/	/	/
样品数量	1 份	/	/	/
样品状态	清透无异物			
关键仪器	恒温培养箱（LYZKJY-038）			
检测费用	300 元			
检测项目	检测依据	检测方法	原始编号	检测结果
pH 值	GB/T5750.12-2006、GB 5749-2006	玻璃电极法	2 场	7.50
菌落总数	GB/T5750.12-2006	培养基法	2 场	1.32×10²CFU/mL
总大肠菌群	GB/T5750.12-2006、NY 5027-2008	多管发酵法	2 场	350MPN/100mL
水的硬度	GB/T 5750.4-2006	乙二胺四乙酸二钠滴定法	2 场	300.09mg/L
备注	小型集中式供水和分散式供水的水质指标为菌落总数不高于 500CFU/ml；畜禽饮用水水质细菌学指标中总大肠杆菌群的标准值为成年畜不高于 100MPN/100ml，幼畜和禽不高于 10MPN/100ml；pH 值标准为畜 5.5~9.0，禽 6.5~8.5，水的硬度≤1500mg/L。			

编制：　　审核：　　签发：

保证供水

其次是要通电，将高压电从电网处引至养殖场处，保障养殖场的电力供应，具备二、三相电源，最好有双路供电条件或自备发电机，供电稳定。

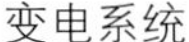

变电系统

配备发电系统

第三是通路，包括到场道路的硬化和从养殖场区到场外的道路畅通，需要注意经过涵洞及其他道路时的限高情况。

第四是通网，目前肉鸡养殖已经迈入了数字化时代，通过采集养殖大数据信息，才能够及时了解整个鸡场的肉鸡生长情况，从而采用不同的管理方案。

注意涵洞和道路限高

通往鸡场道路尽可能硬化

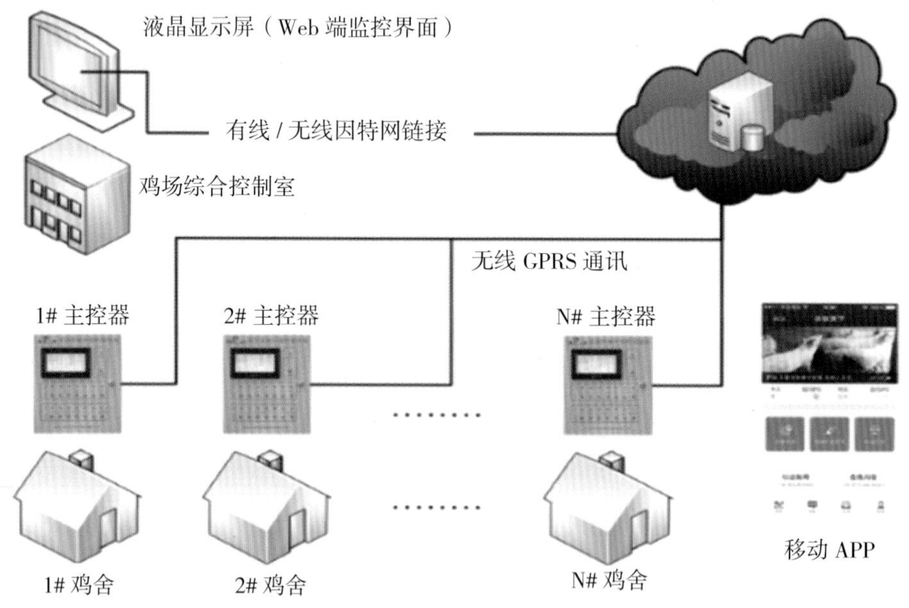

智能化信息系统

养殖区地势低，容易进水

养殖区地势应逐渐变低

5. 其他问题

注意养殖区地势高低及排水问题。地势较低，在雨季鸡场有发生内涝的风险，会造成严重损失。养殖区地势要逐渐变低，方便雨季排水。

二、场内设计

鸡场的规划布局要科学适用、因地制宜，根据场地的实际情况，科学确定各区的位置，合理排布各类房舍、道路、供排水和供电等管线、绿化带等，达到有效利用土地面积，减少建筑投资，管理高效的目的。

1. 分区原则

首先应考虑工作人员的工作和生活环境，尽可能不受饲料粉尘、粪便、气味等的污染，再考虑鸡群的卫生防疫，杜绝污染生产区。一般分为生产区、行政管理区、生活区、辅助生产区、病死鸡及污粪处理区等，有利于卫生防疫和“全进全出” 生产。

2. 各区的设置

各区主要包括办公室、贮藏室、宿舍、餐厅、卫生间、生产净道等。生产区主要包括肉鸡养殖棚舍，生产净道、生产污道等；污粪处理区包括无害

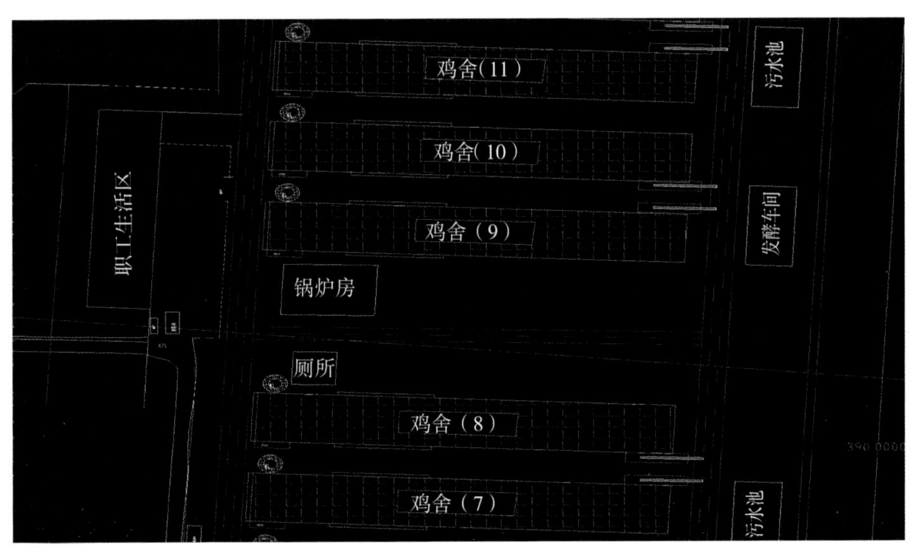

鸡场内合理分区

化处理、污粪处理车间、发酵车间等；配置好配电室、蓄水池、水井等。

按照主导风向、地势高低及水流方向，依次为生活区、行政管理区、辅助生产区、生产区、病死鸡及污粪处理区。若地势、水流和风向不一致，则以风向为主。行政管理区和生产辅助区相连，设置围墙隔开。生活区应距行政管理区和生产区 100 m 以上，病死鸡及粪污处理区也要与生活区保持较远距离。

生产区与其他功能区之间有严格的隔离设施，包括隔离栏、车辆消毒池、人员更衣及消毒房等，防止场外人员和车辆直接进入生产区。

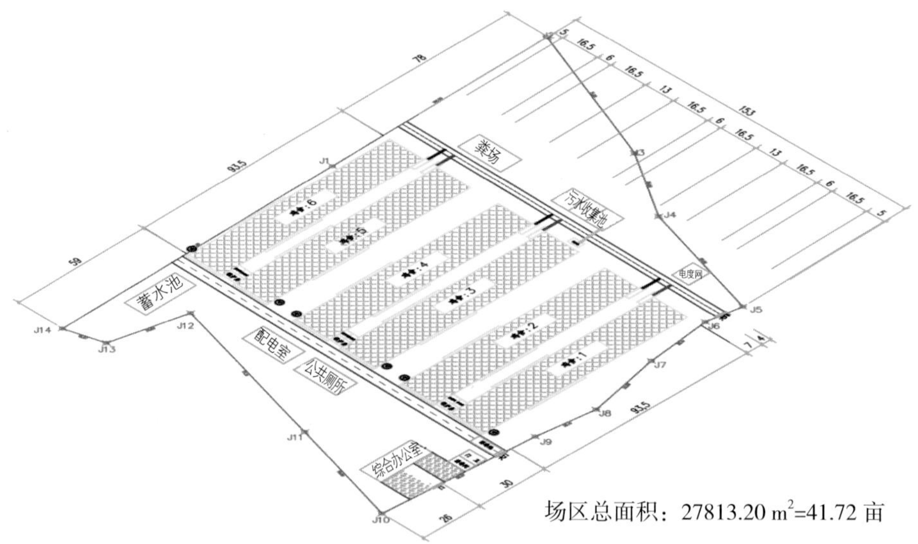

阜新商品肉鸡养殖场

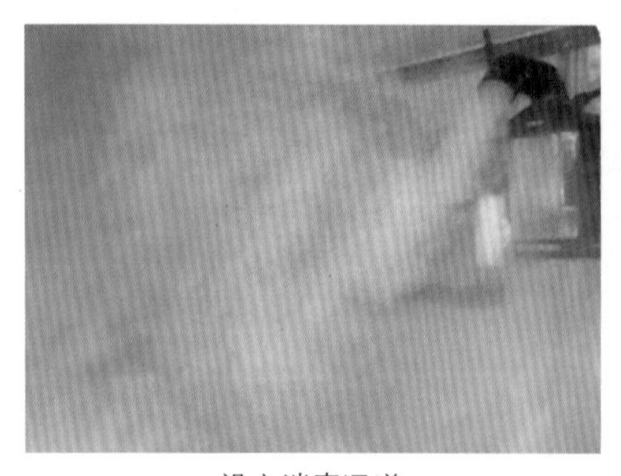

设立消毒通道

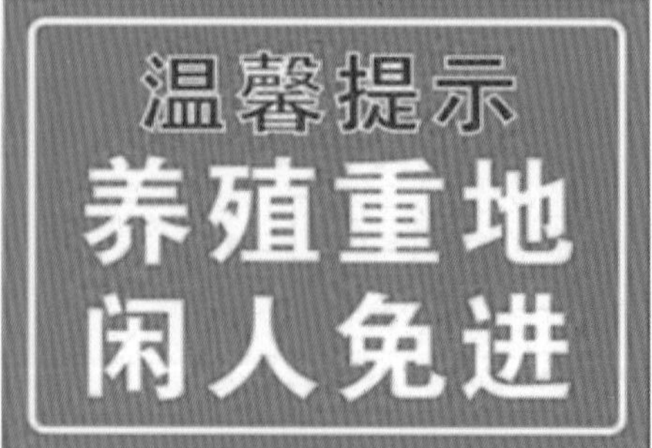

设置警示牌

生产区内净道、污道严格分开，净道供人员、运输饲料、雏鸡等通过之用，是生产区内的主干道，路面最小宽度应保障饲料运输车辆通行；污道供运输粪便、废旧垫料、病死鸡以及出鸡之用。死淘鸡焚烧炉设在生产区污道一侧，贮料罐建在净道一侧。

肉鸡舍东西向排列，一般间距为 8~10 m。

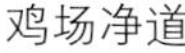

鸡场净道

鸡场污道

3. 鸡舍设计

肉鸡棚舍建议不超过 100 m 长，否则，不利于通风设计、料线布置和粪便处理，通常为 90~100 m 长。鸡舍宽度为 16 m，鸡舍过道多为 1.2~1.5 m，小于 1 m 不利于通风，大于 1.5 m 又会增加成本。鸡舍高度也是这样，过低通风难度加大，过高会增加成本。笼养肉鸡多为三层笼具，棚舍檐口高度为 3.3 m。

4. 供暖系统

目前主要有风暖、水暖、空气能供暖系统。风暖即通过燃煤、燃气将暖风炉加热，根据环控设备设定的温度自动向棚舍内鼓热风，以提高棚舍内温

鸡舍长 90 m

鸡舍走廊宽 1.2 m

度。水暖即通过燃煤、燃气将水暖炉内的水加热，让热水在棚舍内循环，再通过散热片、小风机散热，达到提高舍内温度的目的。

空气能供暖即通过压缩机将空气中的热量转移到水或者空气中，再通过水暖或风暖将内环境加热。

风暖供暖

水暖供暖

空气压缩机

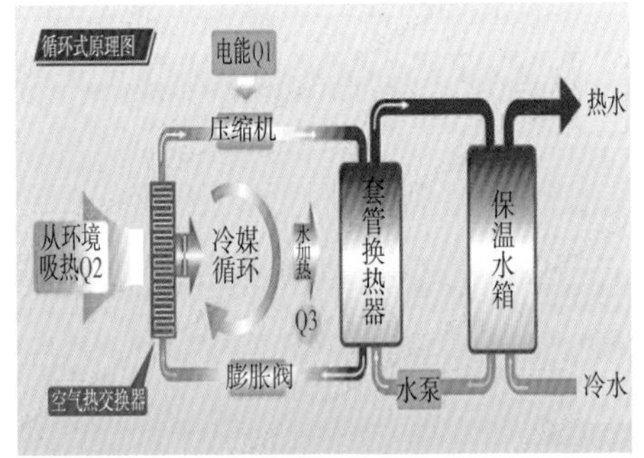

空气能供暖示意图

5. 通风设施

通风系统由风机、风门、通风管、负压表、湿帘系统等组成。风机是不可缺少的设备之一，能调节舍内空气质量和温度。风门安装在棚舍侧墙上，根据养殖鸡的数量和棚舍尺寸进行核算，确定具体数量。湿帘系统一般安装在侧墙和正面山墙上，多在高温季节使用。

在肉鸡养殖过程中，由于外界温度过低会造成舍内气温变化过快，从而对鸡群造成应激。通风管可以使外界空气充分预热后，再到达棚舍内。

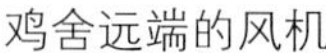
鸡舍远端的风机

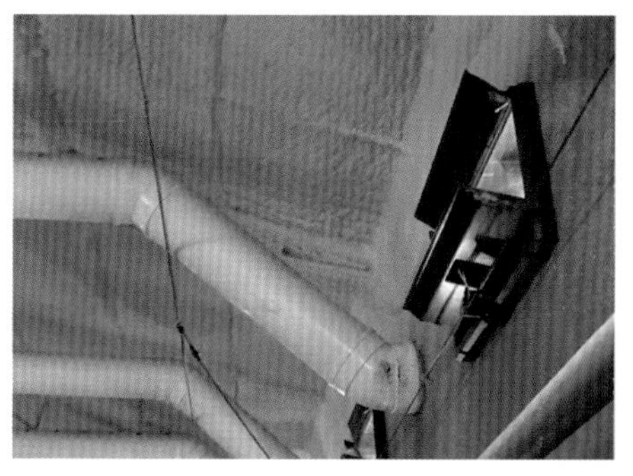

鸡舍侧墙的风门

鸡舍安装的通风管

6. 防疫设施

肉鸡养殖场大门处设置门卫、消毒房、消毒池。

养殖场有场区围墙、生产区生活区隔离围墙、生产区污粪处理区隔离围墙，净污道严格分离，有消毒洗浴间、汽车消毒房、消毒盆、消毒喷枪。鸡舍有防鸟网、消毒设备。

7. 笼养鸡舍的“硬伤”

细节决定成败，笼养鸡舍的“硬伤”会造成许多弊端。例如，笼门开口较小，抓鸡容易造成损伤。笼门开关灵活性差，镀锌毛刺多，容易造成鸡只损伤。料槽与笼网契合度差，会造成小鸡采食不方便，有漏料现象。笼门上挡板与料槽处契合度差，容易造成积粪，粪带容易跑偏。空舍期笼具冲洗困难，设备维修保养工作量大。通风不均匀，风速差异大，很难保证鸡笼内过“鸡背风”。各笼层间温度不均匀，光照不均匀。饲养期间鸡舍羽毛不易打扫。春季湿度控制困难，特别是在育雏期。注射或点眼免疫时，工作劳动强度大。

笼养鸡舍各过道间风速不一致

开启 13 个大排风扇，过道正下方风速测量（m/ 秒）							
笼位	一道	二道	三道	四道	五道	六道	平均
30	1.8	1.6	2.0	3.0	1.9	1.7	2.0
45	2.6	2.0	3.4	2.8	2.0	2.5	2.6
55	2.8	2.3	3.9	3.2	1.8	2.8	2.8
平均	2.4	2.0	3.1	3.0	1.9	2.3	2.5

鸡场入口处有汽车消毒池

消毒洗浴间

鸡场内汽车消毒房

风门挡鸟网

鸡舍内喷雾消毒设备

笼具开口小

出栏时抓鸡困难

笼具上常有上层落下的鸡粪

饲料容易落在粪带上

笼具上粪带常跑偏

笼具要经常维修和保养

空舍期笼具冲洗不干净

粪带上的羽毛常被吹到鸡舍

第二章
笼养鸡场空舍期要求

一、空舍期主要工作

第一批鸡感染了病原，无论发病与否，鸡舍内都会残留病原，污染环境。残留病原种类、数量越多，鸡群的发病率就越高，病情就越严重。要想为新批次鸡养殖提供良好和安全的环境，就必须彻底做到清理彻底，无死角，严格遵循“清理→清扫→整理→整顿→清洁→保障”程序。

1. 空舍期关键控制点

把出鸡后的剩余饲料、粪便、废弃物等清理出鸡舍及养殖场。清扫散布在道路、鸡舍过道、笼具下、排水沟中的鸡毛、鸡粪和杂物。把开料桶、小水桶、加湿工具、扫把、维修用具等存放归置到指定地点。

清洗工作是空舍期的工作重点，清洗彻底与否直接关系到消毒结果的评估，所以清洗工作必须过程有监督，现场有检查，场长、技术员必须落实到位。设备的检修、维护及保养工作至关重要，主要在空舍期落实。例如，发电机的调试与保养，电路的检查与维护，养殖设备的常规检修与维护等。

清洁消毒是空舍期工作的最后一道程序。选择有实验室检测数据的或知名品牌的消毒剂，通过喷雾、泡沫、熏蒸等多种方式消毒。

经过清理、清扫、清洁等程序后，对本批次鸡做好准备和保障工作。

2. 空舍期主要工作流程

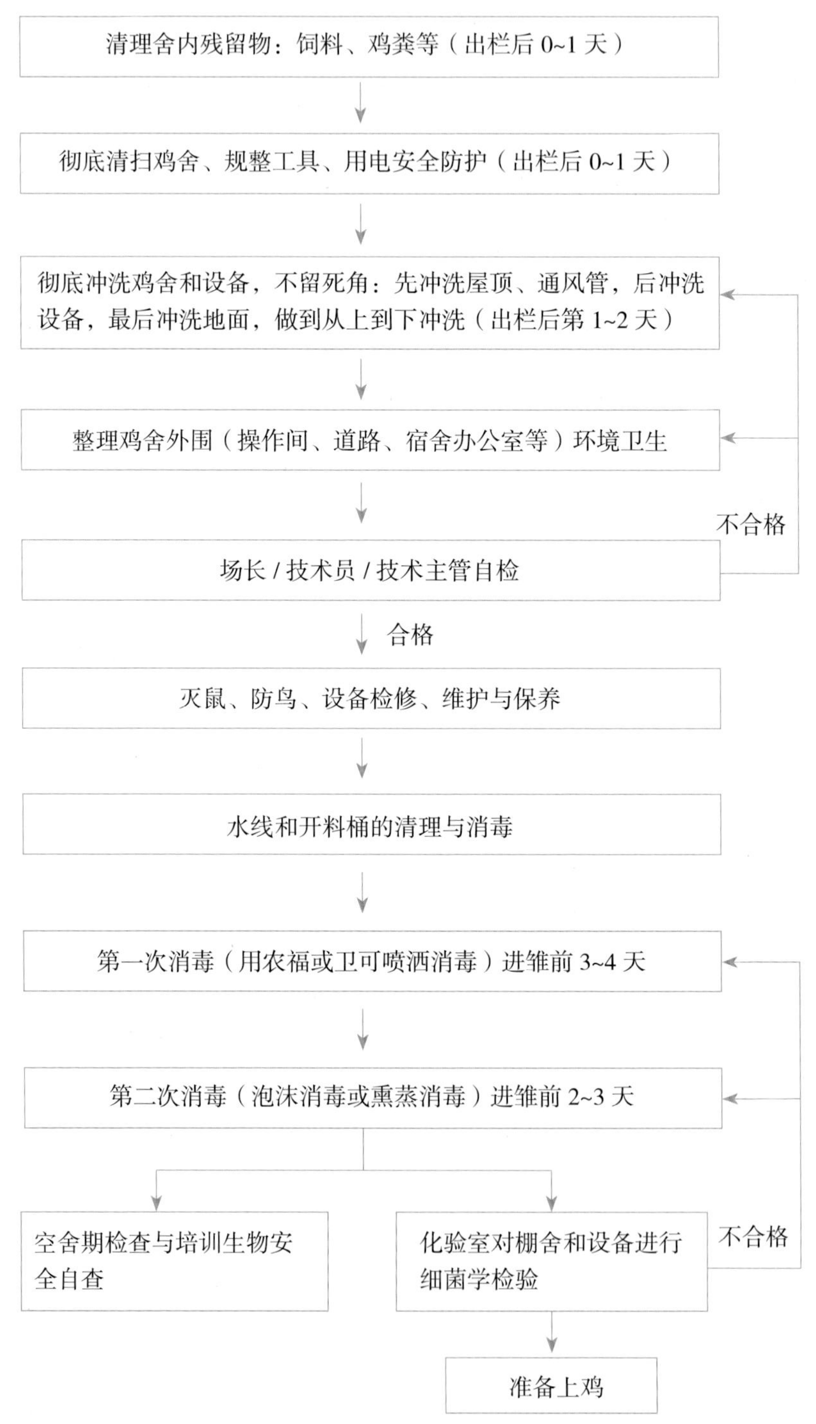
清理舍内残留物：饲料、鸡粪等（出栏后 0~1 天）
彻底清扫鸡舍、规整工具、用电安全防护（出栏后 0~1 天）
彻底冲洗鸡舍和设备，不留死角：先冲洗屋顶、通风管，后冲洗设备，最后冲洗地面，做到从上到下冲洗（出栏后第 1~2 天）
整理鸡舍外围（操作间、道路、宿舍办公室等）环境卫生
不合格
场长 / 技术员 / 技术主管自检
合格
灭鼠、防鸟、设备检修、维护与保养
水线和开料桶的清理与消毒
第一次消毒（用农福或卫可喷洒消毒）进雏前 3~4 天
第二次消毒（泡沫消毒或熏蒸消毒）进雏前 2~3 天
空舍期检查与培训生物安全自查
化验室对棚舍和设备进行细菌学检验
不合格
准备上鸡

二、鸡舍的清洗和消毒

1. 鸡舍清理

鸡群出栏后鸡舍要尽快清理，为保证鸡舍消毒效果打下良好的基础，为消毒留有充足的时间，出栏后尽快清理干净，不留死角，能移动的设备全部移至舍外。

清理死禽

运至储尸间

打开料塔底部开关

将料塔中饲料接入干净饲料袋中

确认料塔底部无剩料

敲击料塔，确认无剩料

运行行车，确认下料管无剩料

敲击料斗，确认无剩料

清理料槽内饲料

剩料装入饲料袋中

将剩料运出舍内

清理舍内粪便

清理舍内羽毛

清理笼具底部

清理舍内排水沟

清理操作间

2. 鸡舍及设备清洗

用高压清洗机彻底清洗鸡舍和设备，从上到下，从一端到另一端，从干净的地方到不干净的地方。冲洗过程中不能忽视每个设备或物体的上表面，不能只是站在下面往上冲洗，如有的设备必须站在高处往下冲。所有的排风扇先冲洗里面，再冲洗外面，最后再从里面彻底冲洗一次。水线的每个乳头和水杯都要冲洗到。工作间不能忽视，也要冲洗。冲洗风门时，先将风门开到最大，里外都要冲洗干净。水帘处的进风口（包括水帘间）要仔细冲洗。最后达到看不到杂物、污物，摸不到灰尘的标准。对不易清洗的部位要用去污力强的消毒剂认真刷、擦、刮、扫，因为存留的有机物将严重影响消毒效果。

连接高压清洗机

棚舍浸润

冲洗棚顶

冲洗笼具

冲洗墙壁、导流板

冲洗风机

冲洗地面

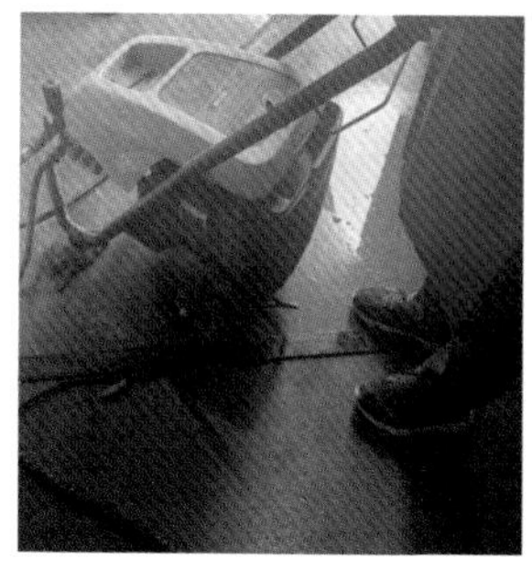
移出高压清洗机

3. 场区及道路清理与消毒

鸡舍周围无污物，排水沟、道路及两旁干净，场内无鸡粪、羽毛，把生产垃圾和生活垃圾彻底清理。这些垃圾该拉走的拉走，该深埋的深埋，该焚烧的焚烧。鸡舍周围的杂草每批鸡要清理一次，杂草能烧的烧，不方便烧的割。

打扫场区道路

清理场区杂草

清理药品袋

清理场区垃圾

准备液化气罐

灼烧羽毛

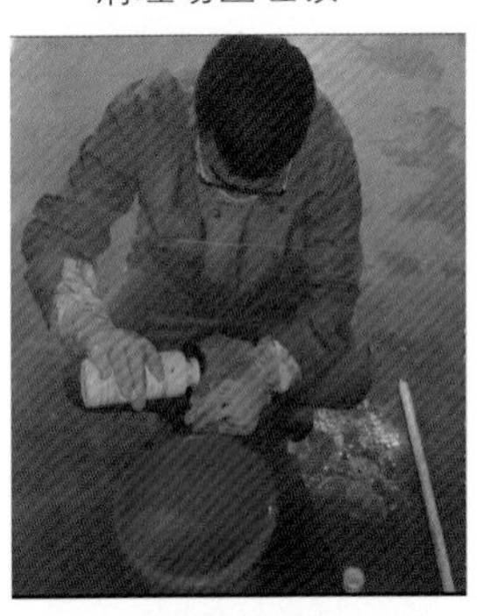
配制消毒剂

连接启动高压清洗机

场区入口处道路消毒

场区内部道路消毒

场区后部消毒

消毒地面留有水渍

关闭清洗机，收拢水管

人员不常去的地方覆盖生石灰

4. 宿舍及办公室清理与清洁

注重宿舍和办公室的卫生，换上新的床单后彻底整顿，做好清洗和消毒工作。

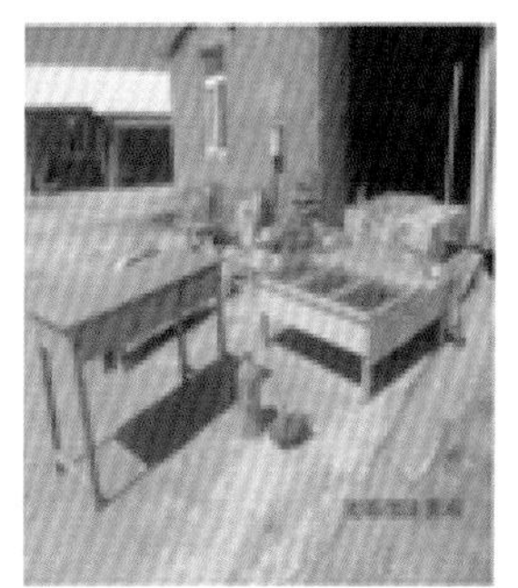

将物品移到外面

被褥、衣物等晾晒

打扫宿舍内地面及死角

清理墙面

整理抽屉、床柜物品

清洗床上用品

清洗后，使用消毒剂浸泡 10 分钟

使用消毒水拖洗地面

用消毒水擦洗墙壁线盒

用消毒水擦洗门窗

用消毒水擦洗抽屉、衣柜

擦洗后晾干

5. 鸡舍的消毒

一般鸡场对冲洗后的鸡舍进行两次喷洒消毒，实验室鸡舍内表面、设备表面和空气等检测合格后方可上鸡，不合格则进行第三次消毒。一般第一遍消毒选用复合酚、季铵盐类、醛类消毒剂，按厂家建议比例在大桶中配备好后，用高压清洗机进行雾状喷洒；一般第二遍消毒用泡沫消毒剂，按浓度配备消毒液，足量喷洒，鸡舍及设备全覆盖。

三、水线的清理和消毒

水线中经常会添加一些保健药物（如维生素 C、电解质、鱼肝油等），如不及时清理，这些药物会滋生大量细菌，还会引起水线堵塞，影响鸡群肠道健康，导致鸡群生产性能下降。

1. 水线药物（酸）浸泡清洗法

关闭水箱通往水线的进水阀，开启水线末端排水阀，排空水线，关闭阀门。将水线清洗剂（有机酸、氯制剂等）倒入水箱，注入 500 L 水，混匀。打开进水阀，注满水管，浸泡 6~8 小时。打开排水阀，排空水管清洗剂。

配制次氯酸钠

搅拌混合均匀

打开加药泵

药物充满水线，浸泡 3 小时

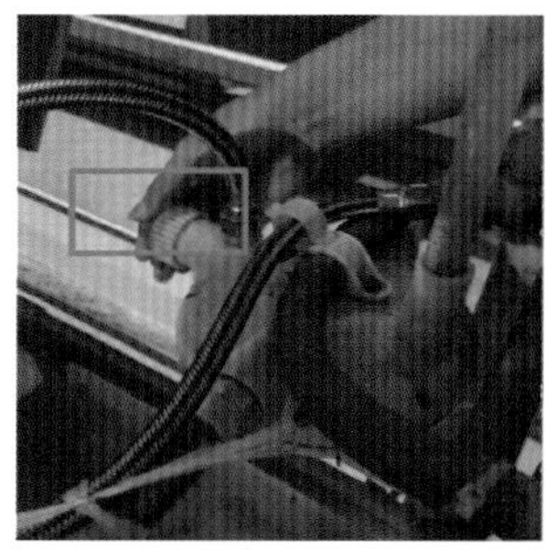
打开水线，反冲阀门

打开后端放水阀，依次冲洗每列水线

清洗后，检查水线乳头是否堵塞

清洗后，检查水线减压阀并关闭各阀门

2. 水线高压清洗法

把空气压缩机调整至 4 kg/cm^2，以保证冲洗压力。将空压管一端连接高压泵，另一端连接主水线预留开关。水线远端设有污水自动收集管道，如果有堵塞球阀，则打开球阀（排水阀）和水线反冲阀。接通空气压缩机电源，打开与水线连接端通气开关，对水线进行冲洗。两列笼具 8~12 条水线可以同时冲洗，维持 10~15 分钟即可。

空气压缩机准备

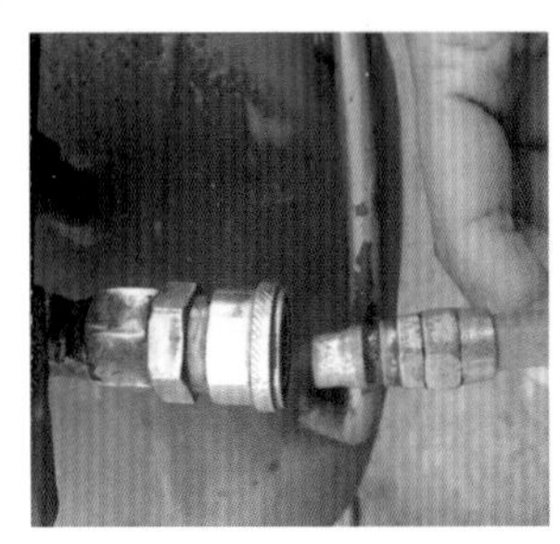

连接空气压缩机接头

连接水线接头

打开空气压缩机

压力升至 4 kg/cm^2

关闭放气阀门

打开后端放水阀

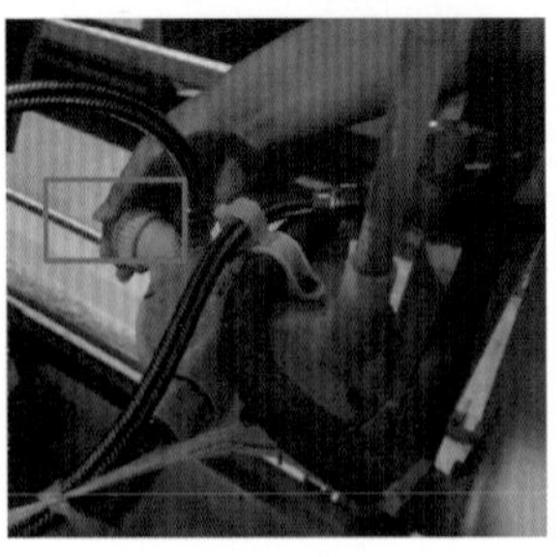

打开反冲阀门

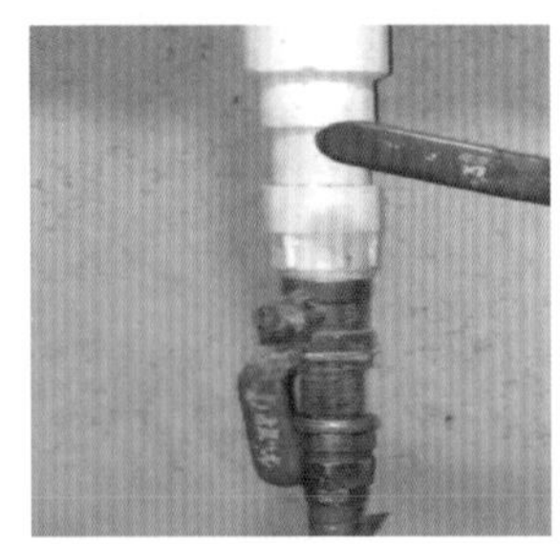

打开送气阀门

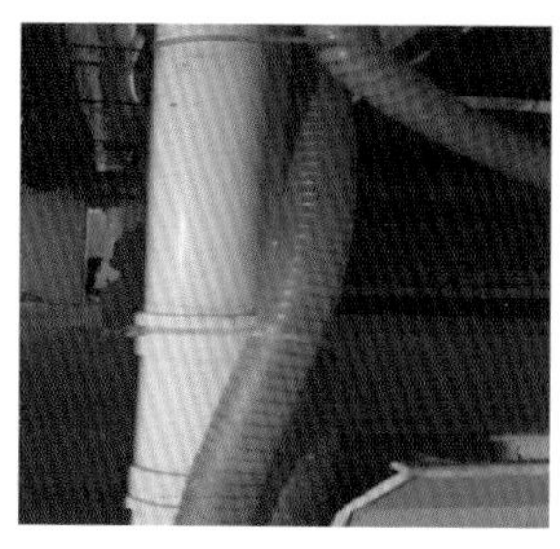
水线清洗中

清洗后，检查水线减压阀并关闭各阀门

清洗后，检查水线乳头是否堵塞

四、灭鼠和防鸟

几乎所有鸡场都有鼠害，一般老鼠每年能繁殖 3~6 窝，每窝 5~8 只，易形成鼠患。老鼠是沙门菌等病原的携带者，易传染给鸡群，所以，鸡场灭鼠工作十分重要。

控制周围环境，修剪杂草，清理垃圾。设置障碍物，阻止老鼠打洞。在下水道的出入口加装铁丝网，网眼直径不能大于 1 cm。在重要地方放置挡鼠板，将老鼠拒之门外。修理鸡舍所有入口缝隙，宽度不大于 5 cm，以防小家鼠窜入。将路面硬化，防止老鼠打洞。在鼠洞、鼠道上放置鼠夹和捕鼠器。

化学药物灭鼠法在规模化养殖场比较常用，优点是见效快、成本低，缺点是容易引起人畜中毒。因此，要选择对人畜安全的低毒灭鼠药，并且设专人负责撒药布阵、捡鼠尸。撒药时要考虑老鼠的生活习性，有针对性地选择鼠洞、鼠道。

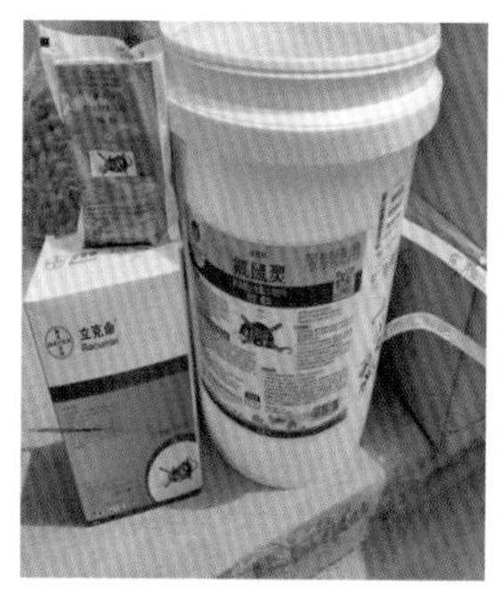
准备灭鼠药

拆开灭鼠药，放在药桶中

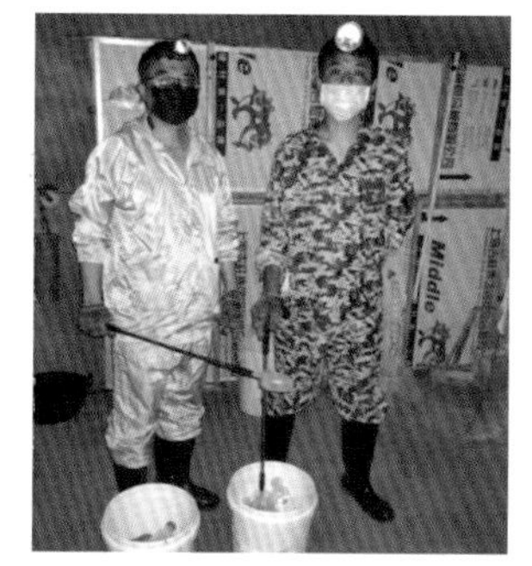
穿戴用具，进入禽舍

在 4 个墙角放置灭鼠药

在两侧墙中间放药

在操作间、出粪间放药

在宿舍、仓库及配电室墙角放药

配电室门口放置挡鼠板

鸟类传染性疾病也可能传染给家禽。自 20 世纪以来，禽霍乱、西尼罗河热、禽流感等鸟类疾病造成了巨大的经济损失。将防鸟、驱鸟工作落到实处，才能切断禽流感等疾病的传播途径，有效保护鸡群健康。

粪便不落地，及时运出

漏料及时清扫

污水池保持封闭

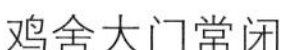
鸡舍大门常闭

检查防鸟网无缺失

出粪间及时密闭

五、设备维护保养

鸡场自动化设备的投入成本非常高，如果饲养过程中和空舍期不进行维护、维修，很可能会造成设备的损坏，影响工作效率。

商品化养殖场主要设备系统及其组成

系统名称	主要组成部分
笼具系统	笼网、笼架、食槽、调节板、垫网、育雏料盘
饮水系统	乳头饮水系统、吊杯、方水管、前端供水系统、加药系统（选配）、水线升降装置
清粪系统	清粪机头、机尾，清粪带，横向清粪系统
喂料系统	龙门喂料机、送料绞龙、料塔
环控系统	风机、湿帘、小窗、导流板、小窗控制组件、导流板控制组件、锅炉
智能控制系统	照明系统、环控仪、主控箱、风机控制箱、清粪控制箱、喂料控制箱

1. 各设备系统使用说明

（1）笼具系统：保持笼具的完整性、洁净，然后根据鸡的生长需求调节调节板，确保鸡能舒服采食。

（2）饮水系统：随肉鸡的生长周期调节水线，开始水线调至最低位置，逐渐升高。

（3）喂料系统：根据肉鸡的生长周期和采食量，掌握投料量。由电动机、减速机以牵引绳带动行车喂料机，沿轨道运行，料斗内饲料靠重力落于食槽内。通过调整料斗落料口与食槽的间隙大小控制喂料量。由于地面存在落差，喂料系统并不能完全适应，有少许喂料不均匀属于正常情况。

（4）清粪系统：根据肉鸡的生长周期选择合适的清粪时间。清粪带位于每层笼体下部，接托鸡粪。由电动机、减速机、齿轮、链条、链轮、辊筒带动聚丙烯清粪带运行，清粪带将粪便运至舍体尾端，由横向绞龙将粪便清除。清粪带使用过程中，前、后及粪带两端务必分别派专人看护或巡视，若有粪带跑偏、凸起、撕裂、隔带、打滑、链条调齿、重大异响等异常情况，立即断电检修。出粪完毕后检查并清理前、后刮粪板，以及地面掉落的粪污。

（5）环控系统：环控系统包括风机、湿帘、水暖风暖炉、小窗等。温控仪根据温控探头提供的信息进行数据分析，维持舍内最优的环境条件。当低温、高温、停电时，自动报警系统就会根据舍内设定的温度、湿度进行自动调节，实现舍内纵向和横向通风的自动交换。一年四季鸡群都会在适宜的温度、湿度下生长，死淘率大大降低，保证了养殖成绩。

（6）智能控制系统：智能控制系统能够控制自动化设备，必须确保智能控制系统的有效性和用电安全，实现控制系统与设备及其功能的一一对应。

2. 维修和维护注意事项

（1）断电、关闭设备。在设备关闭、电源切断的前提下，进行修理、维护、清洁，以及故障排除。如果有必要，在主开关处标明“维护正在进行”。

（2）合理使用攀登装置。当操作上侧系统区域时，使用检查车或梯子。

（3）禁止踩踏未加固零件。禁止踩踏任何未加固零件，如料槽、主体架或水线。

（4）及时更换原配零件。及时更换缺失零件，最好选择设备厂家的原装配件，不建议对产品进行改装，如软件及软件控制，以防改装后与原系统连接存在安全隐患。

（5）清洁时需特别维护。清洁过程中，电气元件如电机控制箱、电机等必须防止溅水。清洁剂与消毒剂可能造成腐蚀，湿洗后应最大限度通风，以加速干燥。

（6）驱动单元的维护。给所有驱动单元的链条与轮子加润滑油。为避免电机过热，及时清洁电机的冷却网。检查所有链条的预张紧力，如有必要，重新调整。检查所有轴承的锁紧螺钉。检查链条和压紧块的磨损情况。清洁时防止电机溅水。湿洗后，立即润滑驱动链条及链轮。

（7）维修和维护工作结束后，检查设备。检查设备系统是否处于对齐状态，是否正常运转，确保无误后，才可以运行设备。

设备运行调试注意事项

序号	技术要求	备注
1	供热系统能将舍内温度升到 33℃；低于目标温度时暖风炉启动工作，高于目标温度时停止工作；供暖管道无漏水现象	
2	水循环系统运行调试，湿帘均匀流水，泵工作正常，无烧泵现象	冬季慎重
3	风机能够正常运转 20 分钟，随着电机的启动，百叶能自由地开启关闭	
4	手抓温度探头，温度读数变动	
5	照明系统正常工作	
6	绞盘小窗能够同时开启关闭，大、小窗同步进行	
7	水线无漏水，乳头滴水速度合格	
8	绞龙上料系统正常	
9	龙门下料车能够正常运转，前后均有机械限位	
10	出粪系统正常，无其他噪音，运转平稳	
11	电控系统稳定，无弱电回路，有接地线	
12	灯光调节正常	
13	下料器下料均匀	
14	主体笼架安装牢固，对正对齐	
15	环控系统线路正确，操作无故障	
16	机头传动系统能正常工作	
17	传动机构均涂擦润滑油或润滑脂（润滑油为机油和黄油的混合物，下同）	

3. 各设备维护关键点

（1）笼具系统维修维护：笼具系统维护时要保持完整性、牢固性、清洁性（无污物及残留饲料），充分消毒，无腐蚀，以减少饲养过程中跑鸡、窜栏，以及传播疾病的风险。

检查底网和笼底是否损坏，有没有高低不平

检查侧笼门及隔网连接处

检查挡板及螺丝是否处于正常状态

检查料槽及连接处是否处于正常状态

（2）饮水控制系统维护：水质和水量关乎鸡的生长性能，要保证每只鸡都能饮用到充足的清洁水，最好每批次鸡都要检测水源水和水线水微生物含量指标，定期用臭氧消毒水线。

水线调节丝杠涂抹润滑油

调节水线加压阀，能灵活运转

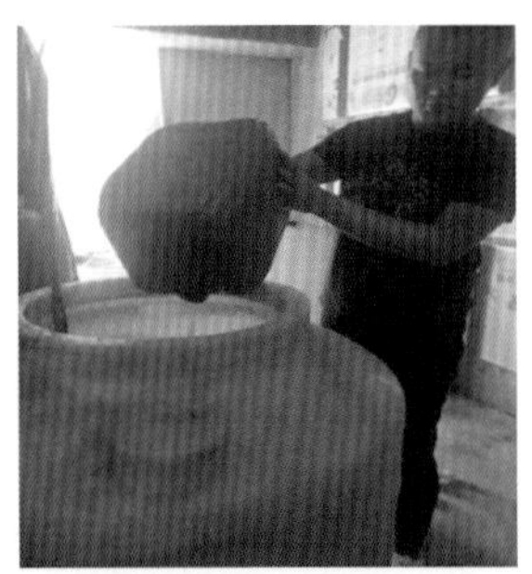
消毒剂浸泡水线

反冲水线

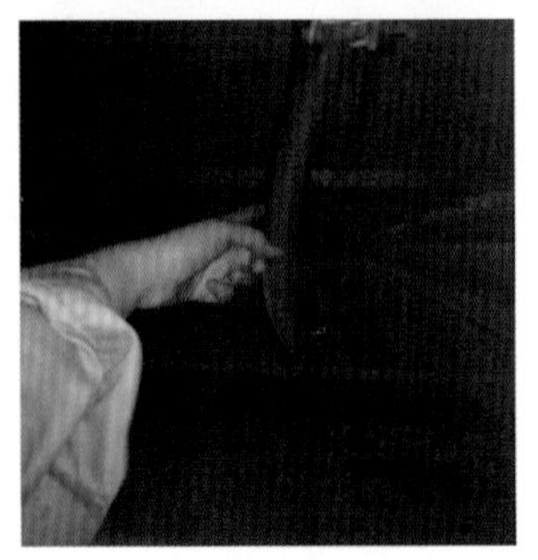
清理管道死角

放出并清理压力罐中残留液体

清理吊杯中的污物

检查水线是否泄露

检查水线是否齐平，高度是否合适

调平水线，调至禽苗饮水适宜的高度

（3）喂料系统维护：要使鸡摄入均匀、充足、清洁的饲料，喂料系统的驱动单元都能正常运行。

（4）清粪系统维护：使用清粪系统可以降低舍内氨气含量，减少病原菌传播，维持舍内适宜的生长环境。所有驱动单元正常运行，粪带无跑偏、损坏。

行车链条涂抹润滑油

料箱下方滚轴涂抹润滑油

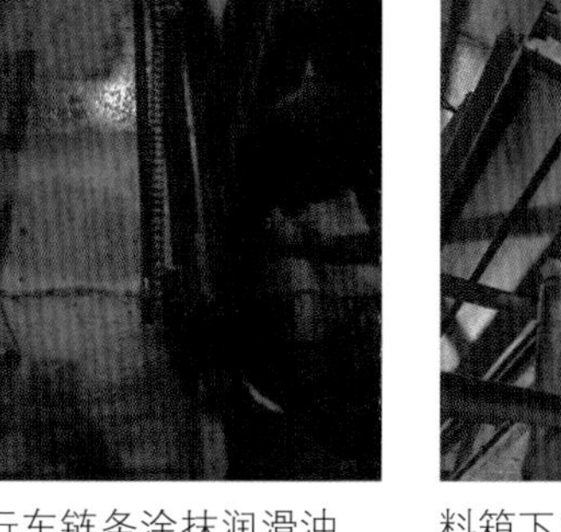

检查匀料器下料是否均匀

清理料塔内发霉结块饲料

清理机尾刮粪盒

调节刮粪盒与滚轴之间距离

清理机尾压带轮附近杂物

粪带调节丝杠涂抹润滑油

机头齿轮咬合处涂抹润滑油

机头调节丝杠涂抹润滑油

检查并添加横向电机齿轮油

检查并清理机头粪带支撑滚轴

转动粪带并清除积水

检查粪带方向是否跑偏及预紧力

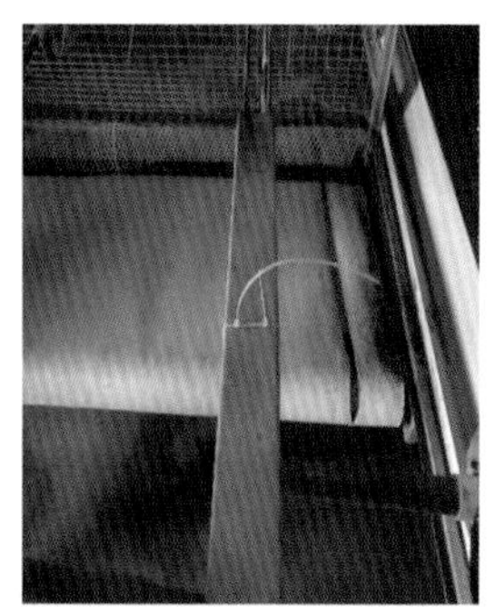
检查粪带是否撕裂

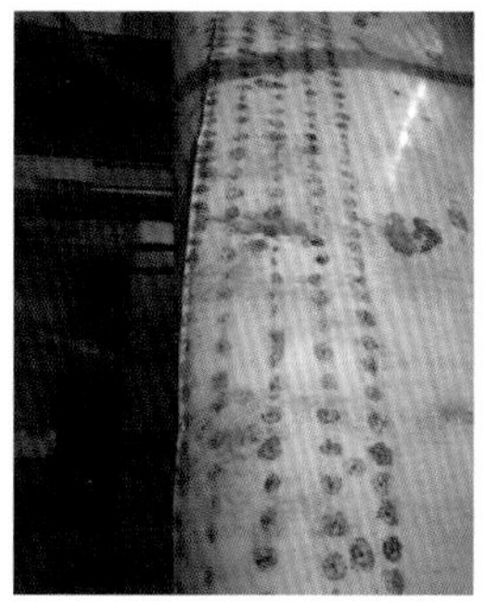
根据粪带损坏情况进行修补

检查粪带连接处是否牢固

（5）环控系统维护：环控系统能自动调节，为肉鸡提供适宜的温度和通风条件。主要有通风系统和供暖系统的维护。

清理风机并注意电机防水

小窗调节摇把齿轮处及钢丝绳涂抹润滑油

调节小窗开合角度一致

检查密封盖并安装

冬封闭湿帘，夏清理湿帘

清理炉膛炉渣

打开炉膛侧边

清理炉膛侧边灰尘

清理除尘器灰尘

检查暖风带是否损坏

鸡场设备常见故障及排除方法

序号	故障类型	故障原因	排除方法
1	龙门喂料机所有电器都不启动	电源电压过低	以相序指示灯工作正常为标准
		零线短路	逐级排查，予以修复
		相序不正确	改动进线相序
2	龙门喂料机停车失灵	行程开关损坏	更换
3	粪带打滑	粪带松弛	调整机头胀紧螺栓
		胶辊与粪带间隙过大	调整胶辊与粪带间隙
4	粪带跑偏	头尾胶辊不平行	调整机头胀紧螺栓，调整方向与粪带跑偏方向相反
5	机头或机尾异响	轴承缺油或损坏	补加或更换润滑脂
		链条松动	调整链条胀紧
6	粪带断裂	磨损	粪带修补与粪带焊接
7	传感器显示“启动电路”	温度传感器或电缆短路	检查温度传感器和连接线路，找出短路线路并修复
8	传感器显示“短路”	温度传感器或电缆短路	检查温度传感器和连接线路，找出短路线路并修复
9	装置显示“启动线路并激活警报”	传感器全部断路	逐个排查线路并修复

第三章
进雏前的准备

一、鸡舍预温

1. 科学的鸡舍预温，是育雏成功的开始

经过清洗消毒后的鸡舍内部非常潮湿，温度也比较低，需要将鸡舍烘干并升至一定温度(33~35℃),为雏鸡创造一个舒适的环境,这个过程称为预温。鸡舍预温包括鸡舍内空气温度和鸡舍笼具、设备、墙壁温度。

鸡舍干球温度

红外测温枪

鸡笼温度要达到要求，才能够保证雏鸡早期发育与卵黄吸收。如果仅看鸡舍探头温度达标，便停止加温，则笼具设备无法吸收足够热量，会有温度波动，难以维持目标温度，此时空气温度高于笼架表面温度。因此，仅凭空气温度判断育温是否达到标准是不准确的，可以采取用手触摸笼子底网感受真实温度，或用红外测温枪测量一下。

当鸡舍升温达到目标温度后，再继续升温 3~5℃并保持一段时间，便可以保证鸡舍设备温度、墙壁温度与环境温度相同。

2. 预温 12 小时原则：进鸡前 6 小时降温，进鸡后 6 小时升温

在进鸡雏之前，需要将鸡舍笼具设备和墙壁表面升高到 33~35℃，才能够满足鸡雏的需求。然后在雏鸡进入鸡舍前 4~6 小时，将干球温度降低至 26~27℃。等到雏鸡完全放到鸡笼内部，用 4~6 小时将干球温度升高至 30~33℃，具体执行的温度参数，还需要结合当前湿度、鸡群出生重和状态进行修正。

雏鸡入舍前状态

通过触摸雏鸡嗉囊，可以判断鸡舍温度情况，一般在雏鸡入舍后 6、12、18 小时评估嗉囊饱满度。检查时，最少有 95%雏鸡的嗉囊应该是饱满的、柔软的、有弹性的。如果嗉囊是硬的，就表明雏鸡饮水量不足。

嗉囊柔软有弹性，表明水料充足，温度适宜；嗉囊柔软没有弹性，表明有水少料，温度偏高；嗉囊坚硬而没有弹性，表明雏鸡没有饮水，温度偏低。

评估雏鸡嗉囊饱满度

鸡爪发凉，表明鸡笼温度偏低。雏鸡肛门粘有黏便，俗称“糊肛”，表明鸡舍温度偏高。

提前多久进行预温，取决于所使用加热器的供暖性能与鸡舍保温性能。一般情况需要在进雏前 1~2 天预温，极寒地区可能需要更长时间进行

鸡舍预温。

检查雏鸡嗉囊饱食度

状态	饱满	饱满但发硬	饱满但发软	空的
表明	有水有料	有料没水	有水没料	没水没料

3. 雏鸡卵黄吸收的重要性

雏鸡早期无法利用饲料中的脂溶性维生素，需要卵黄提供，同时卵黄还能够为雏鸡提供母源抗体，保证雏鸡早期成活率。雏鸡吸收卵黄，还能够促进早期肠道绒毛发育与肠道菌群的定植，促进肠道健康发育。在温度适宜的情况下，雏鸡卵黄吸收可在 5~7 天完成。

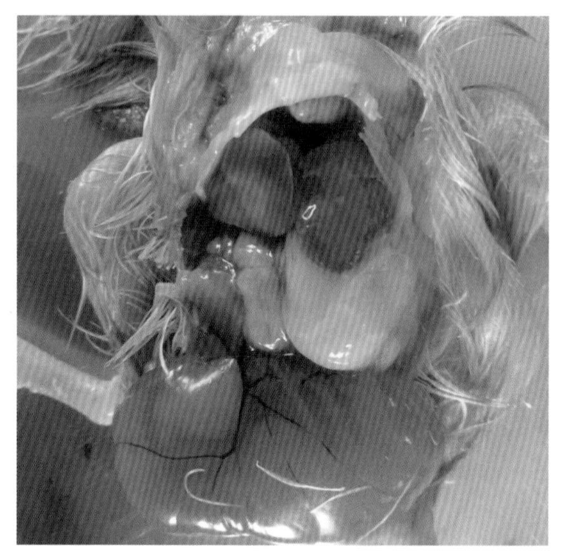

雏鸡卵黄囊吸收不良

二、鸡舍温度与湿度

1. 稳定的鸡舍环境是育雏成功的前提条件

干球温度、相对湿度、风速三者都是影响肉鸡体感温度的因素。育雏前期因为风机开启数量较少，难以产生风冷效应，因此，肉鸡体感温度主要取决于干球温度与相对湿度。

当鸡舍空气相对湿度达到45%~55%时，体感温度与干球温度无限接近，这时干球温度控制在上限32~33℃，甚至更高；当鸡舍空气相对湿度为55%~65%，鸡舍干球温度控制在30~31℃；当鸡舍空气相对湿度处于65%以上时，鸡舍干球温度控制在低于30℃。早期育雏，鸡舍空气相对湿度的控制很重要，对于鸡舍保温性能较差的，空气相对湿度可以有效减少温差波动带来的应激。

鸡舍空气相对湿度

2. 如何确定育雏温度是合适的

通过观察鸡群分布状态及其表现，可以判断鸡舍温度是否适宜。当鸡舍温度过高时，鸡群表现翅膀下垂、张口呼吸、呼吸频率加快，同时在鸡笼内分散均匀，尽可能远离。当观察到鸡群蜷缩到一起，聚集在笼子的角落，或相邻两笼鸡聚集在同一角落，表明鸡舍温度偏低，需要提高温度。鸡舍温度正常时，鸡群表现为三五成群聚集、零散分布；雏鸡自然安逸，睡眠时呈现伸展状态。

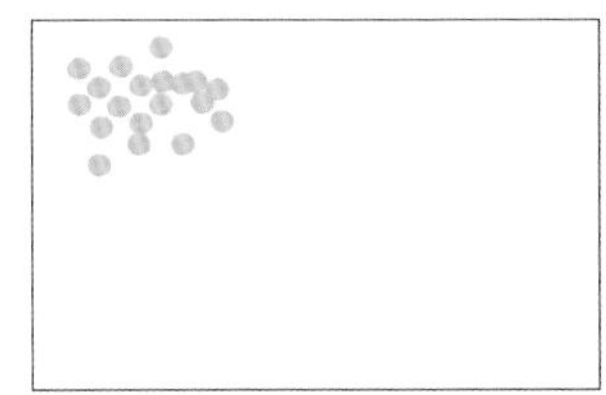 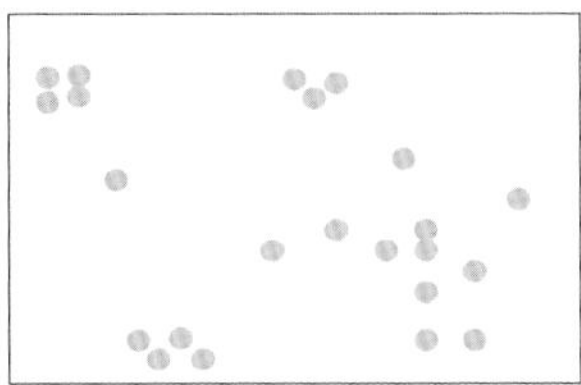 

在不同温度下鸡群的分布状态
（左图，有冷风或低温；中图，温度适中；右图，过热）

鸡舍温度高，雏鸡张口呼吸

鸡舍温度合适，雏鸡自然安逸

三、准备好饮水

1. 确定水线高度

雏鸡进场前，需要准备清洁且温度适宜的饮水，将水线调整至适宜高度。一般雏鸡的水线高度距离鸡笼底网 6~8 cm，可以自行设计一个高度标尺，将水线调整至适合高度。如果水线乳头带接水杯的，只需要将接水杯下落至底网，则刚好合适。

水杯装水

水线乳头滴水

2. 水温合适

雏鸡进场，将水线内的水排掉，重新注入新鲜的饮水，并保证每隔 3 小时更新一次。育雏前期鸡舍的温度高，3 小时足以使水线内的水达到室温。雏鸡不喜欢饮用温度较高的水，10~15℃的清水最适宜雏鸡饮用。

水温对饮水量的影响

水温	饮水量
低于 5℃	水温较低，饮水量少
10~15℃	比较理想
超过 30℃	太热，饮水量下降
超过 44℃	雏鸡拒绝饮水

经过升温的水，容易滋生大肠杆菌，在育雏前 5 天，每天定时冲洗水线。在饮水中添加酸化剂，可以抑制细菌生长，促进雏鸡肠道内的菌群发育。

每天定时冲洗水线

3. 适宜的水压

初始水线水压调节至 0.10~0.15 MPa，调压阀水位高度 5~8 cm，可方便雏鸡饮水。

育雏饮水压力

四、准备好饲料

良好的营养供给，是养好肉鸡的保障。刚刚出生的雏鸡还不能采食料槽内的饲料，需要先使用开食盘或小料桶，然后逐步过渡到料槽。前期需要用垫纸与开食盘配合使用，使用垫纸既可增强雏鸡的舒适性，又可以增加采食面积，有利于早期雏鸡建立采食反射，促进肠道发育和卵黄吸收。

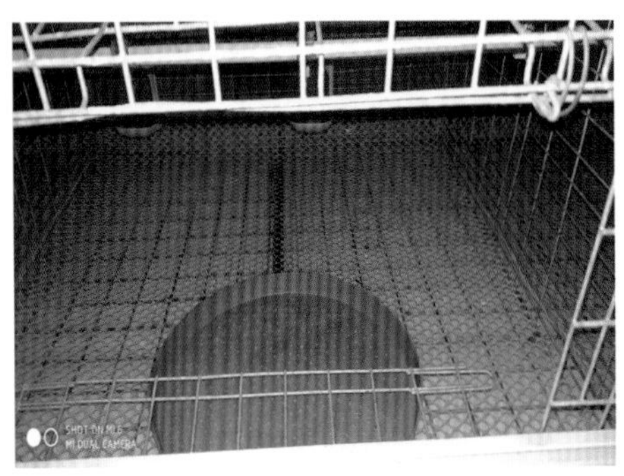

开食盘的使用

垫纸的使用

饲料不同，采用的饲喂程序不同，鸡出栏时间和体重也有很大差别。采取颗粒料饲喂模式，能够获得鸡较高的体重和较小的出栏日龄，缺点是鸡肠道发育相对较弱，腺胃、肌胃比重偏小，易发生猝死和肠道疾病。采取粉料饲喂模式，鸡出栏日龄会偏大一些，通常 45 日龄后出栏，优点是鸡肠道发育较好，腺胃、肌胃比重合理，猝死的发生率会低很多。

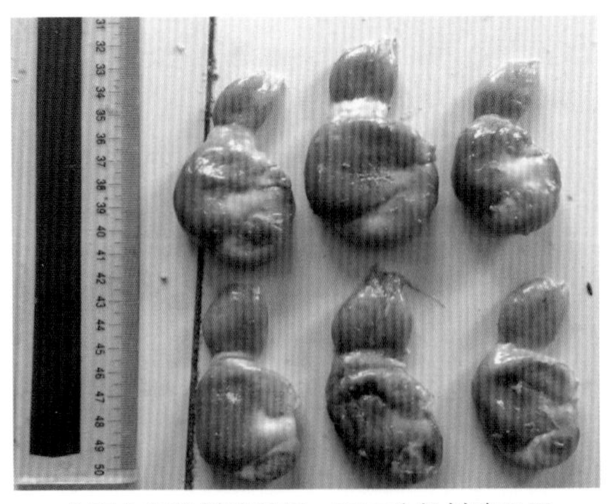

上面为颗粒料腺肌胃，下面为粉料腺肌胃

五、设定好光照程序

雏鸡从孵化厂到养殖场，从孵化箱到鸡舍，经历这一系列的变化后，需要立即适应新的养殖环境。充足的光照，能够让雏鸡的胆子大起来，更好地适应新环境。雏鸡会知道哪里是饮水器，哪里是饲料，活动场地有多大。适当的黑暗，能够帮助雏鸡建立起良好的生物节律，知道黑天的存在，不会因突然停电而感到惊慌，引起应激。所以，在雏鸡进入鸡舍的当天，需要照明和黑暗交替，提供 50~60 Lux 的照明和 1~2 小时的黑暗。

育雏适宜的光照强度

1. 采用不同的光照程序

根据屠宰体重的要求不同，采取不同的光照程序来调控鸡群的生长，达到成活率与体重指标最优。

鸡出栏体重达到 2.5 kg 的光照程序

日龄	熄灯时间（小时）
0	0~1
1	1
130~180 g	6
出栏前 5 天	5
出栏前 4 天	4
出栏前 3 天	3
出栏前 2 天	2
出栏前 1 天	1

鸡出栏体重达到 3.0 kg 的光照程序

日龄	熄灯时间（小时）
0	0~1
1	1
130~180 g	8
21	8
28	7
35	6
42	5
出栏前 5 天	4
出栏前 4 天	3
出栏前 3 天	2
出栏前 2 天	2
出栏前 1 天	1

2. 选择何种颜色的光源

有研究表明，绿光和蓝光可以使鸡比较安静，争斗少，有效降低鸡群应激，促进发育。因此，鸡舍内可以选择绿色或蓝色灯带作为照明光源，鸡群安静，不容易惊群。

增重期选择绿色光源

六、准备好疫苗和药品

成功的养殖离不开疫苗和必要的药品，传统养殖可以依靠药物弥补管理水平不足和环境不良，在禁抗背景下，更多的是需要加强防疫，提高管理水平。

1. 常规药物

准备一些维生素类、酸化剂、补液盐、黄芪多糖或中成药品，增强雏鸡自身抵抗力。

2. 疫苗的选择

肉鸡常规免疫主要有鸡新城疫疫苗（clone30、lasota）、传染性支气管炎疫苗（h 120）。对于腺病毒发生率较高的地区，可以准备一些腺病毒疫苗。

七、在鸡笼哪一层育雏最佳

笼养肉鸡与地面养殖的最大区别是育雏方式的改变。笼养通常会采取整栋鸡舍育雏，根据供暖设施分布方式的不同，选择不同鸡笼位置进行育雏，能够获得较好的生产性能。笼具有 3 层、4 层，甚至 8 层。对于供暖设备在鸡舍顶部的，则优先考虑在顶部鸡笼进行育雏；对于采取地暖方式的鸡舍，整体育雏是没有问题的，考虑到免疫操作和育雏前期观察便利性，育雏层优先设置在养殖者容易观察的位置更好。

多层笼养育雏层设置考虑温度和便利性

八、育雏密度

笼养鸡群的养殖密度在鸡舍建设之初便已经确定，根据不同规格尺寸笼具和屠宰体重要求，养殖密度会有相应调整。一般每平方米鸡笼面积可养殖 18~20 只鸡，大约 0.05 m^2/ 只；冬季和夏季略有不同，每平方米鸡笼面积可养殖 1 周龄鸡 35~40 只。根据生产需要，一般在 7 日龄进行初次分群，第二次根据温度适时分群。

育雏时期的鸡只密度

育肥时期的鸡只密度

九、进鸡前检查工作

在进鸡前5小时检查鸡舍环境，检查结果上报场长，场长签字后方能进鸡。对达不到要求的鸡舍要进行整改，坚决不能进鸡！

进鸡前5小时检查表

项目	标准	评定结果	检查人签字	备注
温度、湿度探头悬挂位置合理与否	温度探头应均匀分布于鸡舍，挂在鸡背高度，避开热源和排风扇。 相对湿度探头挂在鸡舍前端的1/4处，离地1.2 m	是/否		
是否校对过温度、湿度探头	用测温仪校对温度、湿度探头，重新设定环控仪上显示的探头数值	是/否		
风机有效功率测定是否	先打开一台排风扇，分别测定9个点，算出平均风速，这就能算出一台风机的额定功率。然后再把所有的纵向大排风扇全部开启，再测其中的一台。把这两次测定的结果平均，就能估算出所有排风扇的有效功率。 风扇额定功率＝ πr^2× 平均风速 ×3 600（单位：m^3/小时）	是/否		
环控仪运行是否正常	温度、湿度、通风指标符合设定	是/否		
环控仪设定是否完毕	每批鸡清零，热启动，进鸡前根据每栋鸡舍情况设定	是/否		
育雏纸是否铺垫合适	育雏纸铺垫完整，没有空白区域	是/否		
水线高度	乳头距笼底8 cm	___cm		
水杯内、额外饮水器内是否有水	进鸡前向水杯及额外饮水器内加水，水温21℃以上	是/否		
水流量/水压	小于20 ml/分钟	___ml/分钟		
开食盘	至少1盘/笼	是/否		
开食盘加料	不要加太多，保证饲料新鲜	是/否		

（续表）

项目	标准	评定结果	检查人签字	备注
暖风机、暖风炉、锅炉运转状态正常与否	能自动准确地响应设定要求	是 / 否		
环境温度	用测温仪测定环境温度，距地面 60 cm，要求环境温度不低于 33℃，前、中、后 3 个区的温差不超过 ±1℃	前区 __ ℃ 中区 __ ℃ 后区 __ ℃		
垫纸温度	用测温仪测量垫料温度，以 10 分钟数值不再变化为准。要求垫纸温度不低于 33℃，前、中、后 3 个区的温差不超过 ±1℃	前区 __ ℃ 中区 __ ℃ 后区 __ ℃		
湿度	鸡舍湿度要求在 45% ~65%	___%		
光照强度	50~60 Lux	___Lux		
进鸡前称重秤是否准备好	进鸡前把称重秤放到指定鸡舍，经过校对，由专人负责称重	是 / 否		

第四章
笼养肉鸡技术

一、第一周管理

商品肉鸡具有代谢旺盛、饲料报酬高、生长发育速度快等特点，饲养管理要做到“精细管理、精准饲喂、精确营养”。做好第一周的管理工作尤为重要。

1.1 日龄管理

1 日龄对于肉鸡非常关键，7 日龄的体重与出栏体重呈正相关，而 1 日龄的管理直接关系到 7 日龄体重。

（1）接雏：雏鸡运输车辆到场停稳后，及时打开车辆的通风窗适当通风（或发动机不熄火，保持车厢内机械通风），避免卸车时温度骤然升高而闷鸡。迅速组织人员，把鸡箱卸、搬、运、送至鸡舍，间隔一定距离，按照两盒一组依次摆放在笼顶。让雏鸡休息半小时，缓解运输疲劳，适应舍内温度，避免应激。半小时后，鸡舍迅速升至目标温度 32~35℃。

运雏车辆内部

雏鸡的搬运

雏鸡外观标准要求

雏鸡外观	基本要求
精神状况	健康活泼，眼睛有神，鸣声脆响，站立平稳
体表	绒毛润泽、干净整洁，毛色微黄。喙部光润。腿、爪有光泽，圆润，不干瘪，没有脱水现象
腹部	腹部柔软，大小适中，羽毛丰满，脐部愈合良好
跗部	关节活动自如、有力，色泽光润
肛门	肛门柔软，周围绒毛丰满、清洁
畸形	无畸形

手握检查雏鸡活力

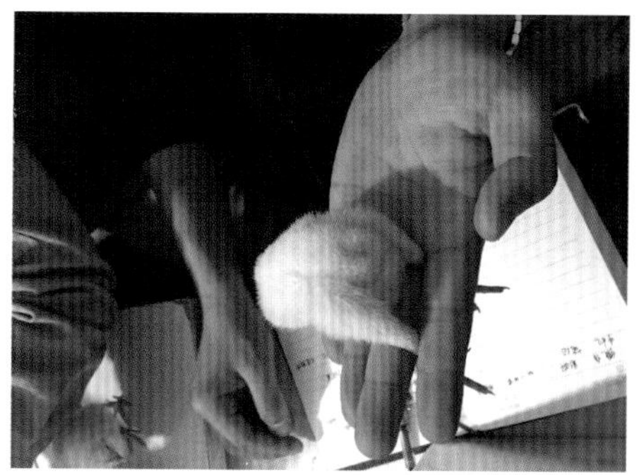

雏鸡脐部检查

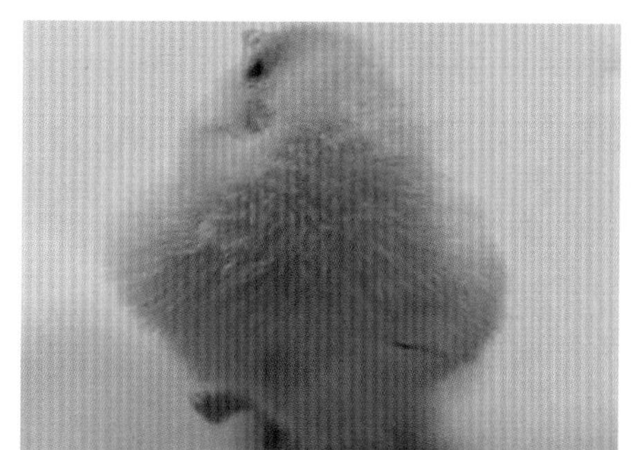

劣质雏鸡颈部向一侧歪

劣质雏鸡脐部红肿或者发青发绿

微生物标准要求

微生物	标准要求
细菌	沙门菌：检测阴性
	大肠杆菌：检出率≤ 20%
	葡萄球菌：检出率≤ 20%
	金黄色葡萄球菌：检测阴性
病毒	白血病病毒：检测阴性
	呼肠孤病毒：检测阴性
	网状内皮增生症病毒：检测阴性
	禽传染性贫血病毒：检测阴性
其他	霉菌：检出率≤ 20%
	鸡毒支原体：检测阴性
	滑液囊支原体：检测阴性

母源抗体标准：1 日龄鸡，采用血凝试验和血凝抑制试验检测。

母源抗体标准要求

项目	新城疫	禽流感 H9	禽流感 H5	禽流感 H7
母源抗体	HI ≥ 8 log^2	HI ≥ 8 log^2	HI ≥ 6 log^2	HI ≥ 6 log^2
离散度	CV ≤ 20%	CV ≤ 20%	CV ≤ 20%	CV ≤ 20%

雏鸡其他标准要求

项目	标准要求
体重	孵化厂出厂体重≥ 31 g，Cobb 品种体重≥ 29 g
体重均匀度	同批次≥ 90%
第一周死淘率	≤ 1%
欧洲效益指数	> 380

整盒称重

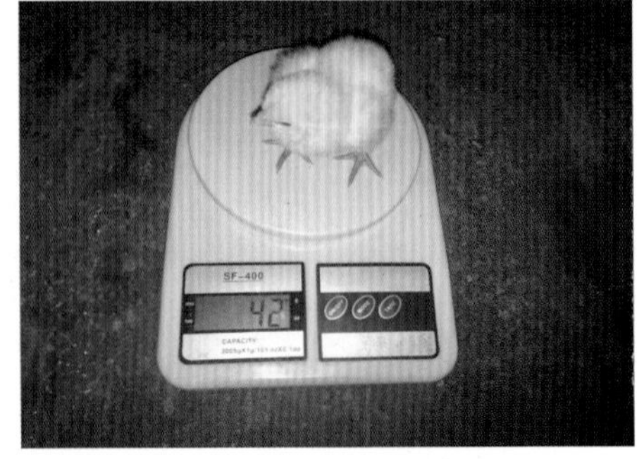

雏鸡个体体重测量

放雏鸡前，工作人员要对雏鸡进行外观检查，称重，卵黄囊测定，血样采集，均匀度计算等，进行全面质量评估，建立鸡群档案。同时，根据血清学检测结果，对鸡群制定保健计划。

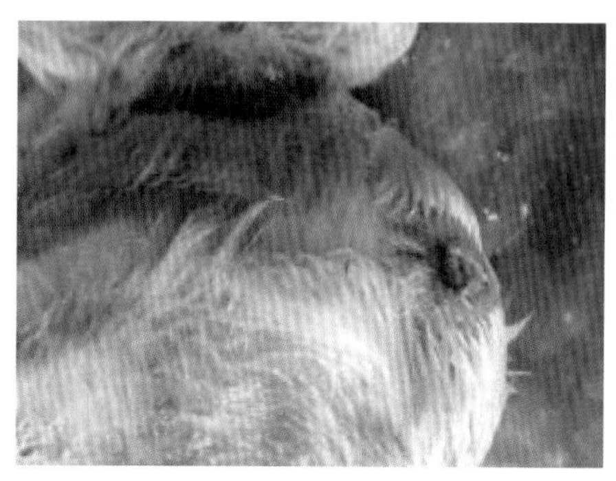

卵黄囊检查

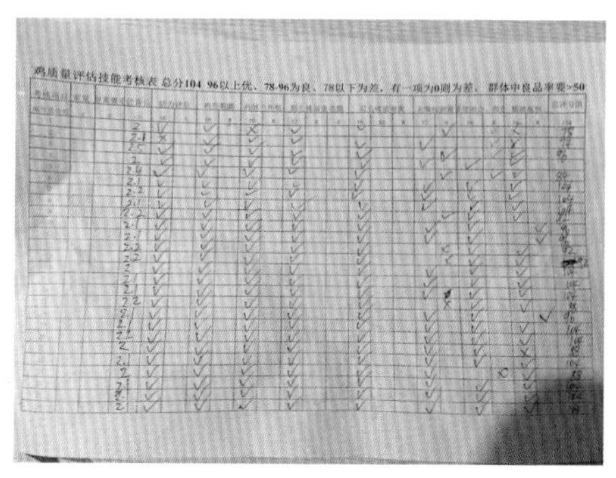

鸡质量评估技能考核表 总分104 96以上优、78-96为良、78以下为差，有一项为0则为差，群体中良品率要>50

雏鸡检查评估记录表

快速将雏鸡放入育雏区或笼内，同时要核对数量，动作要快、稳、轻。

分雏放苗

雏鸡数量清点

（2）开饮开食：雏鸡入舍后，通常是先饮水 2 小时，再开食。水温以 26~28℃为宜，最好用凉开水，可适量添加电解多维，以缓解雏鸡疲劳和应激；依据鸡群健康评估和药敏试验报告，决定是否添加开口药。长途运输的鸡苗（超过 8 小时），可以在饮水中添加 5% 葡萄糖，冬季可饮用 2% 红糖水，饮用 2 小时后及时换清水；为了保证开饮效果，头两天可以使用钟型饮水器，配合乳头饮水。

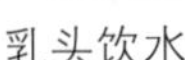

乳头饮水

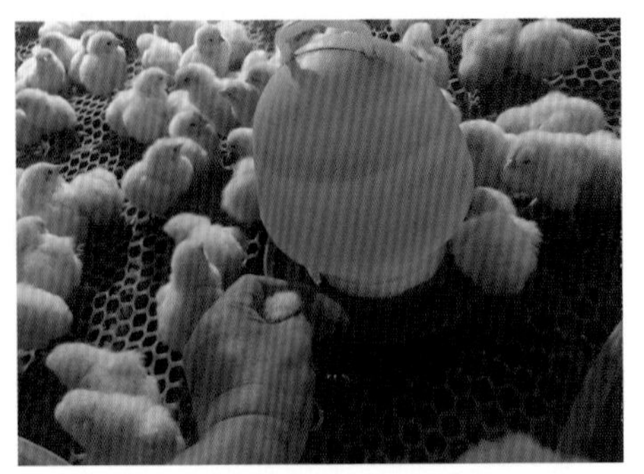

钟型饮水器饮水

开食前，在鸡舍不同位置随机抽查3%~5%雏鸡，检查开饮情况，必须保证全部雏鸡喝上水（嗉囊有波动感）。在通常情况下，当雏鸡在舍内完全散开，开饮完全，听到雏鸡“叽叽喳喳”的叫声，来回欢快地跑动时，是最佳开食时间。采取高密度集中开食的方式，用无纺布、开食盘结合小料桶“三位一体”，以达到良好的开食效果。开食布使用2~3天后及时撤出，小料桶可使用3~5天，然后过渡到料槽喂料。

小料筒开食

开食盘开食

在保证钟型饮水器不断水的情况下，乳头饮水器要保持合适的水压（水柱高度10~15 cm），保持乳头有水滴（滴而不漏），在光线下闪闪发光，诱导雏鸡啄饮；对于不会饮水的、未能开食或不会采食的雏鸡，进行人工辅助。

通过检查雏鸡嗉囊的充盈度，可以看出开食效果。如果雏鸡已经采食或饮水，在胸前、下颌会有明显凸起；如果雏鸡未采食、饮水或采食、饮水不充分，则下颌与胸部呈一直线。养殖者用右手抓鸡触摸检查。鸡背贴于掌心，四指轻松握住雏鸡。然后小拇指、无名指固定雏鸡，拇指辅助固定，中指、食指自然分开拢住雏鸡并向下扣住颈部，中指轻轻移动到嗉囊下部，轻柔触摸嗉囊。只饮水未开食者，嗉囊有明显水样波动感；只采食、未饮水雏鸡的嗉囊呈小球状，有干硬感；开食、开饮较好的雏鸡，则有粥样波动感；偏采食或偏饮水者，分别为硬面团感和稀粥样感。

人工诱导饮水

人工诱导开食

雏鸡嗉囊检查

采食后的雏鸡

雏鸡嗉囊盛满水，呈球状，提示可能鸡舍温度过高，饮水量大于采食量；有面团感，说明水料比合适，提示鸡舍环境温度合适；有干硬感，提示鸡舍温度偏低，雏鸡采食后没有及时饮水；必须保证雏鸡在24小时以内开食饮水。

1日龄雏鸡开始使用水线供水，水线高度调整到水杯距离笼底1 cm或微微离开笼底即可。在雏鸡学会乳头饮水后，养殖者要查看每个乳头的出水情况。通常水杯有水滴溅湿的情况，说明乳头尚在出水；如果水杯是干的，说明乳头有堵塞。当然，每个乳头出水是否正常，还需要测量具体的出水量。

注意：在饲养过程中，如果发现不同笼的鸡体重差异较大，首先应检查水线的乳头。

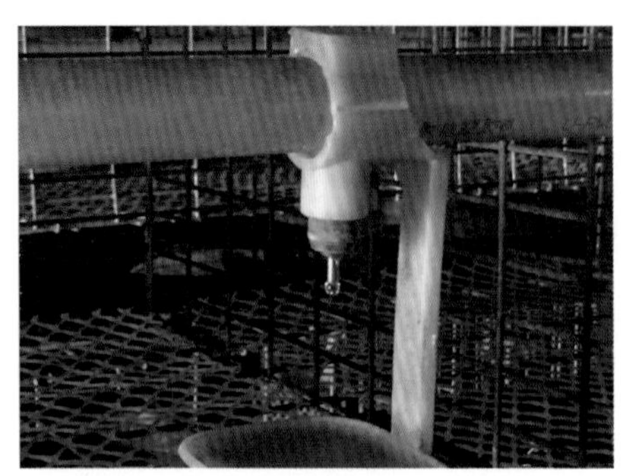

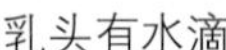
乳头有水滴

水杯底部微微离开笼底

（3）环控要求：真正做到“看鸡施温”，控制舍温在 32~35℃。雏鸡入舍后，如出现扎堆或张口呼吸的现象，则应适当调节温度，直至雏鸡在笼内分布均匀为止。

如果第一天的舍温不达标，鸡畏冷采食、饮水减少，不太愿意活动，则会直接影响开饮开食效果，进而影响雏鸡的均匀度和 7 日龄体重；如果舍温偏高，也会抑制鸡的采食，同样会出现 7 日龄体重不达标的情况。除了调节舍温外，也要检查舍内湿度是否达标。鸡舍湿度控制在 65%~70%，不足时可以人工加湿。

通常在鸡 1 日龄时，鸡舍的空气新鲜度、含氧量等完全能够满足需要，可以不进行通风。在鸡 3 日龄时开始通风，夏秋季可以早一些，冬春季可依据鸡舍的温度、湿度酌情调整；有人喜欢在鸡 1 日龄就开始通风，让鸡适应空气的流动，但应保持最小通风量，采用风机时控间歇式通风模式（5 分钟循环），进风口可以是侧风窗，也可以是通风管。风机具体开关时间，需要依据鸡舍的实际情况计算得出，同时要避免冷应激，可以采取鸡笼覆盖地膜

雏鸡因舍温偏低而扎堆

舍温较高，雏鸡张口呼吸

的形式。

光照方案要依据肉鸡日龄和体重来确定。鸡 1 日龄实行 23 小时或 24 小时光照（充分适应熟悉环境，便于开饮开食），之后采取阶段性递减或恒定的光照制度；关灯时间一定要固定，通过调整开灯时间来调节光照时间；一般控光时间不超过 6 小时，通常 4 小时即可；生产中可根据鸡群的活跃程度和体重来调整光照强度，生长中后期以鸡只看清楚采食即可（2~5 Lux）；冬春季熄灯后，为防止舍温降低，可以适当提高 0.5~1.0℃；光照程序会因品种、体重、季节、厂家要求等不尽相同。

通风管和侧风窗

鸡笼覆盖地膜，防止“贼风”

笼养肉鸡光照程序

日龄（天）	光照时间（小时）	光照强度（Lux）
1	24	60
1~3	23	
4~7	22	
8~14	18~21	15~20
15~21	18	15
22~35	20	2~5
36 天至出栏	21~24	

2. 2 日龄管理

饲养管理的重点仍是控制好舍温，进一步检查采食饮水情况，仔细观察鸡群呼吸、粪便、羽毛、活动状态等情况，诱导雏鸡使用乳头饮水器和小料桶，适量通风（采用最小通风量，风机时控模式），控制好鸡舍内湿度。

（1）鸡群观察：坚持鸡舍巡视制度，每日不定时巡视鸡舍，可按照“从前到后、从上到下、从内到外、从点到面”的顺序进行，主要观察鸡的“神、气、色、形、态、声、异、障”等。

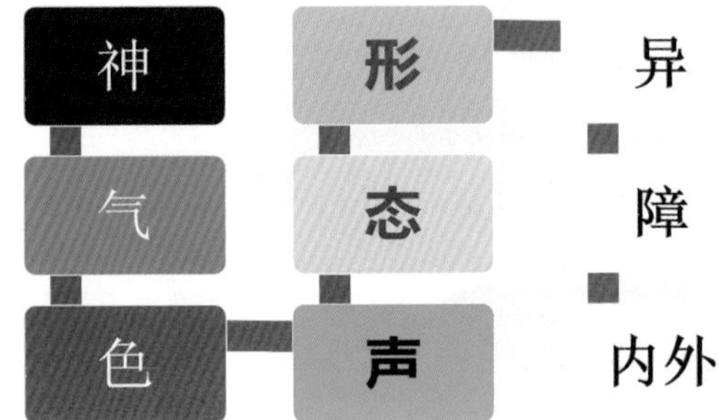

观察鸡的九个要点

健康的鸡群皮色红润

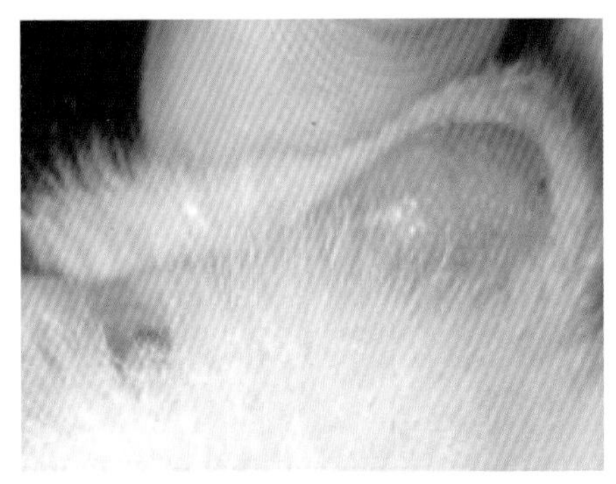

检查鸡的腿、趾是否脱水

观察鸡的神态是否自然

观察鸡只采食表现

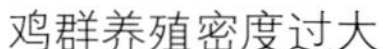
鸡群养殖密度过大

乳头堵塞，轻度缺水

（2）采食管理：为促进雏鸡采食，可不定时人工轰群（轻拍笼具或使用小木棍敲打）。诱导肉鸡使用小料桶采食，逐渐地部分撤换开食布，直至全部撤出。当使用料槽开食或喂料时，要及时撤出小料桶，避免部分鸡只对料桶的依赖。另外，注意检查辨听鸡舍内有没有“唧唧”的尖叫声，有则说明有跑鸡。

（3）舍温控制：一般降温幅度在 0.5~1℃ / 天，7 日龄雏鸡舍温维持在 29.5~30℃即可。

跑笼外的鸡应及时捡回

及时检查鸡的发育情况

3. 3 日龄管理

观察鸡群，淘汰弱残鸡。弱雏鸡由于饮水采食困难，体内卵黄营养不能满足机体需要，体型比正常鸡小，精神状态差。

全部撤换开食布，3 日末全部撤出开食盘、开食布，使用小料桶喂料。如使用绞龙喂料系统，则开始启动料线的料盘辅助喂料。注意小料桶的匀料和补料。

及时捡出死鸡

鸡只发育异常

病鸡的迷离状态

弱小鸡

注意及时补料

手工旋转匀料

手工匀料时，可以仔细认真地观察鸡群。使用料槽喂料的，匀料时将饲料翻向料槽内侧，便于鸡的采食。匀料遵循原则为“机械加料要均匀，笼内只数要平分；加料之前先匀料，欲加多少早知道；人工补料要耐心，补料厚度要相称；前后匀料要翻平，上下倒料的确行；厚度不够向内翻，料量较大向外摊；左手拿铲右手翻，认真匀料鸡细看；能吃多得要遵循，净槽期间要狠心；节约饲料很重要，省料长肉欧指高。”

手工匀料

勤匀料

撤出钟型饮水器，乳头水线供水，水线高度由原来的乳头吊杯触及笼底，升至刚刚离开笼底即可。每两天调节一次水线高度，前两周内不宜过高，避免影响饮水，导致均匀度降低。

注意检查乳头出水量（第一周不低于 40 ml/ 分钟）和有无堵塞情况，及时进行水线冲洗消毒（每日冲洗一次，每周消毒 2~3 次）。

正式开始通风，采用最小通风量时控通风模式；关注雏鸡体感温度，特别注意温度、湿度、风速变化对雏鸡体感温度的影响，依据雏鸡的表现判断和调整环控参数。雏鸡 3 日龄内，可以每日开动粪带清粪一次。

水线过低，弄湿羽毛

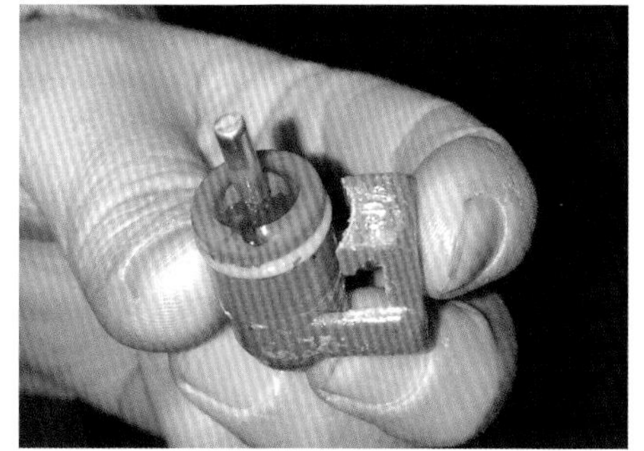

乳头被污物堵塞

4. 4 日龄管理

进行喂料系统的调试工作。如果是绞龙喂料系统，则从 4 日龄开始向完全使用料线过渡，小料桶使用最多不超过 7 日龄；如是行车喂料系统，则在 6 日龄开食，实行料槽喂料。

鸡舍检查及环境控制，一周内舍温由34℃逐渐降低到29℃，相对湿度60%~70%，使用合理的加湿措施。保证鸡舍“无贼风”；环控的重点是温度调节，要保证舍温控制在合理的范围，上下舍温差小于1℃，前后舍温差小于2℃，昼夜舍温差小于2℃。

绞龙喂料

行车喂料

地面洒水加湿

地面铺设水管加湿

5. 5~6日龄管理

（1）日常巡查：通过观察鸡只的睡觉姿势，来判断舍温是否合适和评估鸡只的舒适度。通常肉鸡有6种睡觉姿势，分别是婴儿式、幸福安详式、惬意放松式、畅舒式、无忧卧佛式、蹲位小憩式等。

观察传感器的位置是否合适，校准；观察记录鸡舍内负压，不合适的进行调整；利用风速仪，通过测量风速的差异，检查判断鸡舍内是否有漏风点。

在料槽中加满料，料的高度以距离料槽内檐1 cm且不溢出为宜，让雏鸡开始练习料槽采食。全部撤出小料桶，使用料槽喂料；调节挡料板，向上滑动约1.5 cm并紧固，注意调节挡料板的高度，防止从笼内钻出小鸡或无法采食。

（2）扩群准备：开始进行分笼扩群的准备工作，主要是铺好笼内垫网片，调整挡料板，调试消毒水线，擦拭料槽，免疫准备等。

（3）避免糊肛：糊肛主要是由于鸡苗质量差、舍内高温、雏鸡受凉诱发肠炎、饲料熟化度差等原因造成的，分析主要原因，做相应调整。

蹲位小憩式

惬意放松式

幸福安详式

优美的睡姿

利用风速仪检查鸡舍内有无漏风点

调节挡板到合适位置

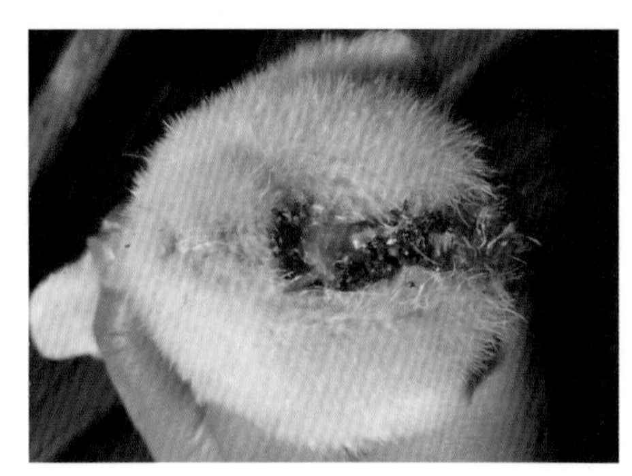

糊肛鸡

糊肛鸡的人工护理

6.7 日龄管理

检查饲养密度；免疫或免疫准备；准备扩群、分笼；称重，计算均匀度；做好各种生产记录；工作复盘，调整饲养管理程序。

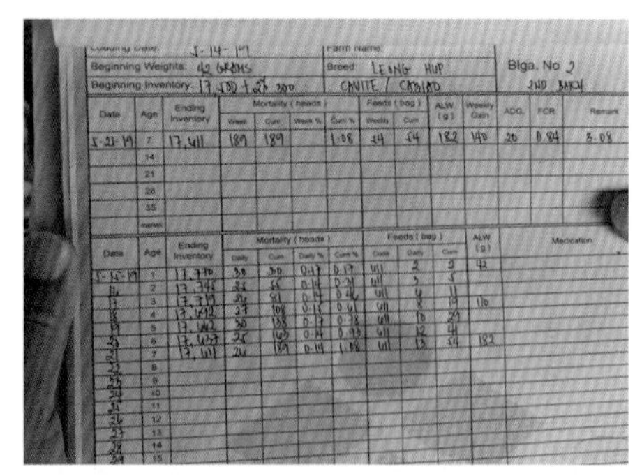

生产记录表格及分析

顶层笼的扩群准备

适当升温，缓解应激。无论是免疫，还是分群，都应适当提高舍温0.5~1℃，提高鸡舍内舒适度，减少应激；要提前在饮水中添加电解多维或维生素C、微生态制剂等，预防应激。

（1）免疫：这是进鸡后的第一次免疫（一般在孵化厂进行一次免疫），按照免疫程序，进行点眼滴鼻、颈部注射或饮水免疫。

（2）分笼扩群：一般笼养肉鸡需要在7~9日龄扩群，通常是免疫、扩群一起进行。夏季可以一次性分至上下三层笼内，有利于鸡的生长，减少二次扩群的应激；冬季可以在鸡12~14日龄进行扩群。为了减少温差应激，也可以分两次进行扩群，第一次留小鸡转大鸡到顶层笼内，第二次再将大的鸡转到下面第三层，然后匀笼，确保同层笼内的鸡数量一致。

点眼、滴鼻免疫

饮水免疫时，要检查乳头滴水是否正常

转群前待转笼内加料准备

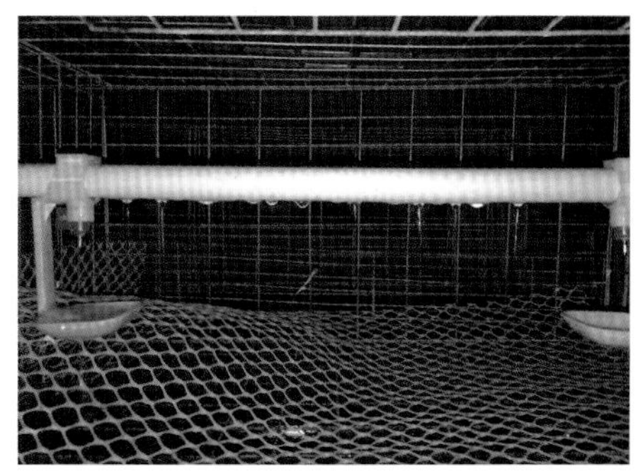

转群前水线调整好

在转群前 2 天，依据鸡群情况进行梳理，挑出病死鸡、弱残鸡，淘汰或单独饲养；给鸡群饲喂动保产品；根据鸡群的平均体重计算均匀度，合理划分体重范围，确定扩群分档的依据。扩群前一天，冲洗浸泡消毒水线，确保每个乳头出水正常（且不漏水）并调整水线至合适高度，试供水。进行待转入鸡笼的卫生清理，垫网整理，料槽检查与固定，笼门闭合性能检查与修复；清洗消毒料槽并添加饲料待用。

扩群时应关掉部分照明灯或减少光照强度，使舍内保持相对黑暗，以减少应激；采食 2 小时后扩群，当天舍温不降低或升高 0.5~1℃。

扩群时，把鸡从中或上层笼移至其他层笼内，或从一侧转至另一侧（用转群笼）。计算好鸡的数量，合理安排笼位和区域，区分公母、强弱、大小；饲养人员双手抱鸡，抓大放小，轻拿轻放，从上到下，减少应激，防止损伤。待转群结束后，迅速恢复正常光照，保证鸡群正常采食和饮水。

转群前的检查准备

双手抱鸡分群

二、第二周管理

本周雏鸡将逐渐褪去绒毛，应加强卫生管理。每日先进行地面喷雾（消毒＋加湿），再清扫绒羽；坚持每日两次清理粪带，保证空气质量；秋冬干燥季节应调高舍内空气相对湿度，增加换气次数，避免鸡群发生呼吸道疾病；保证舍内空气相对湿度不低于50%。

1. 环控要求

舍温由30℃逐渐降低到27.5℃，空气相对湿度控制在60%~65%，通风由时控模式转换到“时控＋温控”模式，一般风速掌握在0.3 m/秒，负压可以维持在10~12 MPa，最高不超过15 MPa。

此期肉鸡的体质仍然较弱，生理功能发育不健全，适应温差的能力脆弱，通风过量、风速过大等都会造成鸡体感温度下降过快，容易诱发呼吸道疾病。加之肉鸡开始出现褪换绒毛，自身对温度的变化极为敏感，所以目标温度下降幅度不宜过大（0.3℃即可）。

制定光照强度和光照程序。光照强度可以控制在5 Lux以内，鸡只能看清楚采食饮水即可；光照程序要保证有4~6小时的黑暗休息时间（一般安排在23点至凌晨3点），一直持续至35日龄。控光可以较好地降低肉鸡猝死症发生率。

舍内空气相对湿度较低

温度、湿度合适

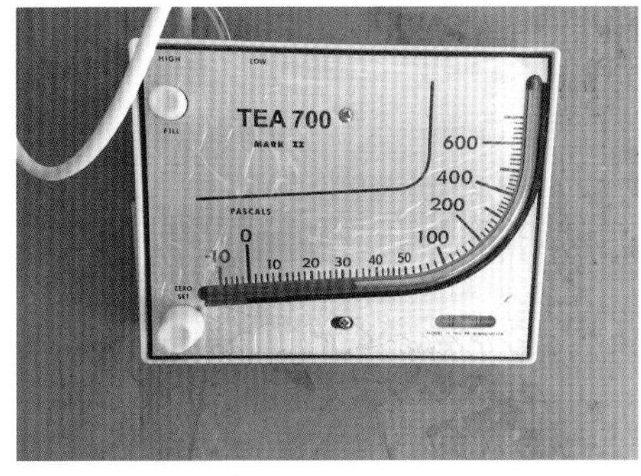

负压过大

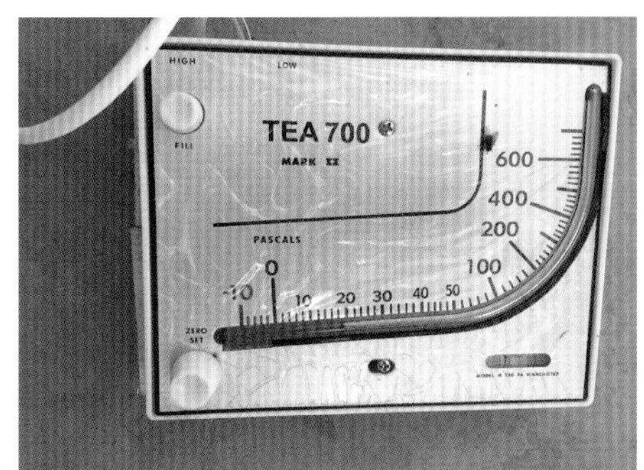

负压尚可

鸡舍内光照强度适宜

2. 水线管理

从第二周开始，坚持每两天调整一次水线高度，要仔细观察饮水情况（根据水表流量计算耗水量，还要结合鸡的实际表现情况）。水线高度以鸡只稍微踮脚就能啄饮到乳头即可。

每日都要检查水线乳头有无堵塞、漏水。每周用酸化剂或二氯异氰尿酸钠等浸泡冲刷清理水线 2~3 次。凡是饮用中药制剂或维生素制剂等后，都要及时冲刷水线。

水线内生物膜淤积严重

水线清理毛刷

3. 采食管理

坚持每日 3~4 次匀料，每日净槽持续时间不低于 2 小时。生产中无论是使用粉料，还是颗粒料，都必然会出现一定程度的饲料分级现象，如果不净槽，就无法保证鸡群摄入全价的营养成分。净槽不仅可以减少饲料浪费，还可以刺激鸡群采食，提高料肉比。鸡是有挑食行为的，采食速度 / 量有差异，净槽有利于提高鸡群均匀度；净槽可大大缩短饲料在料槽中的存留时间，不仅可以降低粉化率，而且可以避免脂肪和维生素等氧化变质，甚至是饲料霉变；净槽还能减轻鸡胃肠道负担，给鸡胃肠道一个排空时间，降低腺肌胃炎的发生率。

净槽时根据日龄查对饲养管理手册，结合饲养实践，准确给予料量；无论是一次性给料或分次给料，都需要通过反复多次匀料，直至让鸡采食干净、食槽见底，而且保持空槽一定的时间；净槽可以配合光照程序进行。

喂料前反复匀料，各层料槽保持一致性，空槽有一定时间。净槽效果好的，在舍内能听见鸡叨啄空料槽的声音，见底不露底，料厚度≤ 0.2 cm。净槽前应将口水料、霉变料除去；及时清除料槽中的粪便；净槽的程度不宜过严，以免造成人为限饲；净槽避免采食高峰时段。

适当控制喂料量或者采用粉料饲喂，可以延缓鸡只生长速度，降低腿病和猝死症的发生率。

4. 预防疾病

注意鸡免疫应激，一旦鸡有呼吸道轻微症状，要及时选用提高免疫力的保健品。预防支原体病，尤其是近年来出现的滑液囊支原体病，必要时投服泰妙菌素等；注意控制舍温变化，不要温差太大；预防腺肌胃炎，尤其是刚出壳雏鸡就出现的腺肌胃溃疡，将此纳入肉鸡养殖保健日程中。

净槽后的等待，也让鸡学会了采食料面

净槽不彻底

个别鸡只发生腿病

猝死症死亡的鸡

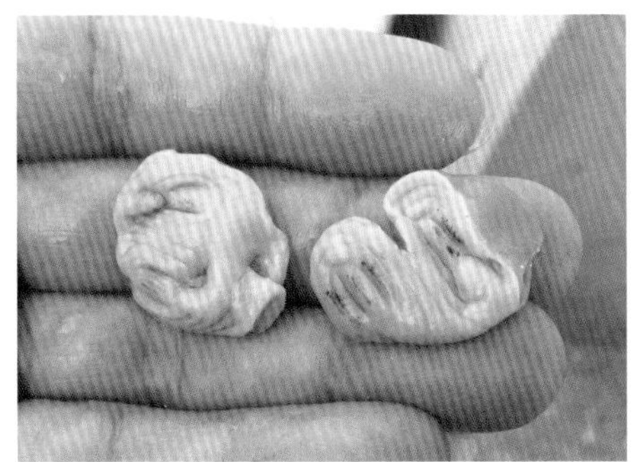

刚出壳雏鸡肌胃内膜溃疡

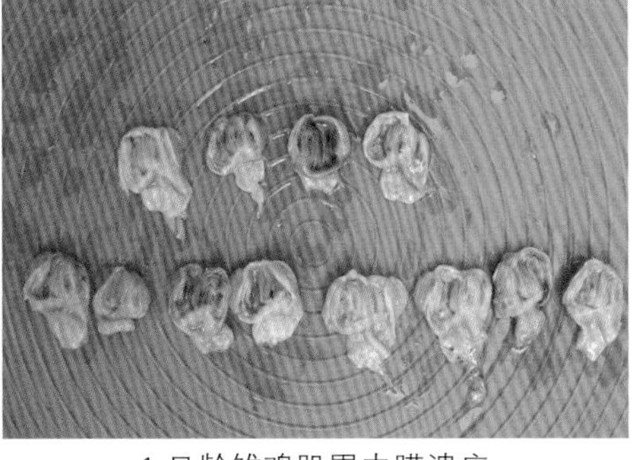

1 日龄雏鸡肌胃内膜溃疡

三、第三周管理

此期肉鸡的生理代谢加快，机体产热量明显增多，体温调节能力基本形成；吃料速度逐渐加快，采食量稳步上升，增重速度加快；换毛进入快速期。此期重点为提升鸡只免疫力，控制二免后疫苗反应；加强通风管理，关注鸡的呼吸道状况，让鸡适应加大通风量；加强肠道保健，促进肠道微生态平衡的建立；预防球虫病和坏死性肠炎。

1. 环境控制

鸡舍目标温度 27~25℃，空气相对湿度 55%~60%，风速可控制在 0.5~1 m/ 秒；鸡舍负压可以控制在 12~15 MPa；通风模式和通风级别要根据天气情况、鸡群表现随时调整，确保鸡的舒适度。通风模式仍以时控为主、辅以温控，要依据舍内温度及时调控通风级别，实行混合式通风；无论在何种情况下，一般侧风窗开口不小于 3 cm。

采用最小通风量，在 5 分钟的循环周期中，风机运行不能超过 3 分钟。需要增加最小通风量时，可再增加一台风机，以保证鸡舍有升温时间。采用最小通风量，考虑鸡舍内的湿度、氨气浓度、粉尘量等因素，不考虑温度。

2. 日常管理

加强水线管理，及时喂料、匀料、净槽，促进鸡采食和实现良好的日增重；在由 510 饲料（雏鸡料）向 511 饲料（中鸡料）转变过程中，要循序渐进。510 饲料与 511 饲料之比为 4 ：1、3 ：2、2 ：3、1 ：4，5~7 天完成，避免肠炎、“过料”发生。

二次扩群在 16~18 日龄完成（与二免同时进行），如果遇到极端寒冷的天气，可以延迟到 20~21 日龄；扩群前后鸡舍温度可以不降或者适当提高 1℃；同时注意调群，防止单个笼内鸡密度过大，保持各笼位内的鸡只数相同。

每日 2~3 次运行粪带，及时清除粪便。加强鸡舍卫生管理，减少粉尘量。工作过程中避免对鸡的各种应激，防止惊群。

笼内鸡密度偏高

鸡舍内粉尘量较多

及时淘汰弱残鸡

对侧水线供水不正常，鸡集中饮水

四、第四周管理

第四周是肉鸡养殖成功与否的最关键时期。肉鸡进入快速生长期，肌肉生长快，脂肪开始沉积。此期由小通风量渐进至大通风量，这对鸡的呼吸系统是个挑战，注意“热伤风”和“冷感冒”，还要预防“闷棚”。加强对鸡气囊和肺部的保护，以预防呼吸道疾病。

1. 环境控制

鸡舍目标温度25~23℃，温度下降幅度不可过大，每日缓降0.3℃即可，避免冷风感冒。加强鸡舍的温差管理，尤其是鸡舍前后和上下层温差、昼夜温差。保证舍内空气相对湿度56%~60%，最简单的办法就是保持鸡舍地面湿润，但不积水；负压值依据鸡舍密闭情况决定，一般保持在15~20 MPa。

负压值控制在 20 MPa 以内

通风量不宜过大，舍内风速控制在 0.8~1.2 m/ 秒，鸡背风速不超过 0.8 m/ 秒。小风机转换成大风机时，最初两天可以先用纸板遮住大风机的中心区。待鸡舍前后温差稳定后，去掉纸板。在完全转换成纵向通风后，原来的通风管可以完全封闭，使用侧风窗通风即可。如果在高温时节侧风窗不能满足通风需要，要及时打开鸡舍头端的通风板，扩大进风口面积。

2. 日常管理

生产中要经常巡察鸡群表现，查看鸡有无流眼泪、流鼻水或甩鼻现象；水线可调至最高位置，坚持每周冲刷消毒水线 2~3 次，随时观察乳头出水量等；坚持净槽、匀料制度化，保证鸡的采食量。

水线清理

五、第五周管理

此期肉鸡生长发育快，饲料报酬高；羽毛更换快，及时清理羽绒，防止疾病传播；加大通风量，不能过于保守，要保证氧气供应量和鸡舍换气需要，降低舍内氨气含量，以免诱发呼吸道疾病。

1. 环境控制

鸡舍目标温度 18~21℃，“张口鸡”控制在 8% 以内；夏季风速可适当提高，“趴窩鸡”控制在 15% 以内；空气相对湿度不低于 50%；这个阶段降温要快，每日降幅 0.3~0.5℃，以促进肉鸡采食量的提高；舍内风速可以控制在 1.2~1.5 m/ 秒。

2. 日常管理

此期主要任务是促进鸡体重快速增加，进行匀料，少喂勤添，净槽时间不宜超过两小时；或控料而不断料，保持料槽见底而不露底；注意及时清除口水料；鸡 35 日龄时，可以增加光照至 24 小时。

六、第六周管理

本周是肉鸡日增重幅度最大的时期，要刺激鸡采食，努力实现鸡每日最大增重。保证充足的饮水和喂料供应，加强匀料、补料工作，匀料形成制度化、习惯化。注意清除“口水料”，防止霉变。

1. 环境控制

鸡舍目标温度为 18℃左右，每日下降 0.5℃，直至目标温度在 17~19℃; 相对湿度不低于 50%。这个时期肉鸡的羽毛基本丰满，肌肉生长速度快，脂肪沉积能力强，对低温的适应能力增强，因此，要加大通风量，实行温控下的纵向通风，舍内风速保持在 1.5 m/ 秒以上。尤其在夏季要配合湿帘降温，过道风速不低于 2.5 m/ 秒。注意鸡的体感温度，可以根据鸡的采食状况判断通风量是否适宜。如果发现鸡只蹲伏不食，说明通风量过大。在控制目标温度、平衡通风量时，允许有 5%~8% 的“张口鸡”。

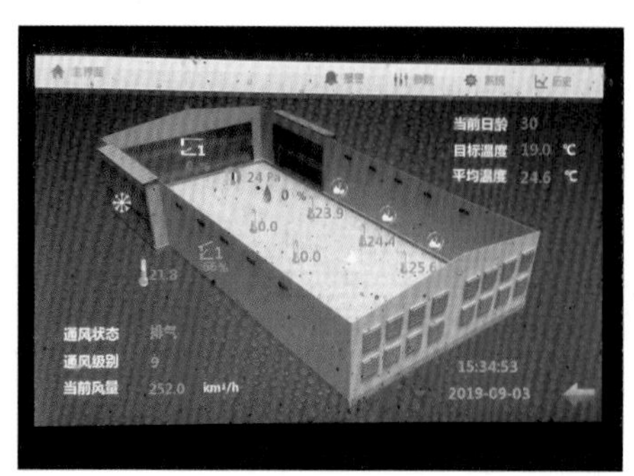

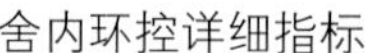
舍内环控详细指标

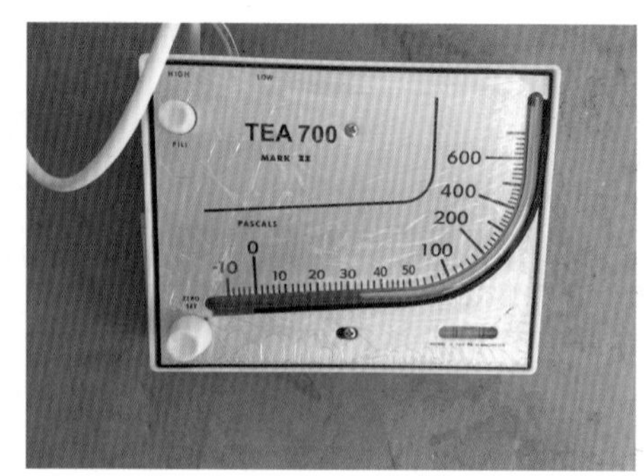

鸡舍内负压过大

2. 日常管理

本周不再控料，自由采食，做到不断水、不空料、多匀料，充分刺激鸡群采食。

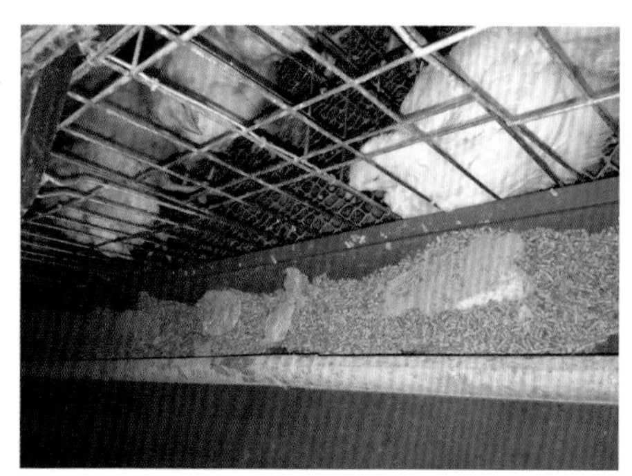
料槽内饲料板结，有霉味

口水料在料槽内随处可见

3. 肉鸡出栏

只要肉鸡还没挂到屠宰场的链条上，你的管理就没有结束。临近鸡出栏时，测算一下鸡的总采食量，再大致称测一下体重，了解一下市场毛鸡行情，确定出栏时间。

出栏前 3~5 天，进行检疫；联系屠宰场，采样化验药残，双方确认出栏日期，制定派车计划单；落实抓鸡队到场时间，抓鸡人员数量、抓鸡速度，准备好抓鸡器具，提出工作要求。

一般屠宰场会要求抓鸡前控料、控水 6~8 小时，抓鸡前 20 分钟停止供料供水。抓鸡前 5 分钟，将舍内灯光调至最暗或者关闭 90% 的照明，防止抓鸡造成应激。抓鸡、装卸过程中应不断巡视，要求抓鸡动作轻柔，不得挤压拖拽，避免损伤鸡腿、鸡翅等，减少淤血和残次鸡的出现。

做好装笼装车工作，事先要与屠宰场沟通好，依据季节、天气、鸡只重确定好每笼的只数，一般目前国内为6~7只/笼，确认该车是否有空笼。

在夏季9点后装车需要打水，边装车、边淋水，水一定要“打透”。无法打水的要加移动风机，在车两侧大风力送风降温。到达屠宰场后，如果需要长时间等待，则要进入打水区进行二次淋水，停放在阴凉处待宰。

挂鸡待宰时，避免漏挂、卸车漏筐现象，关注沥血间、掏油、剪肛皮、胴体过磅等环节。至此，你的养殖任务圆满完成。

药残检测取样全过程视频监控

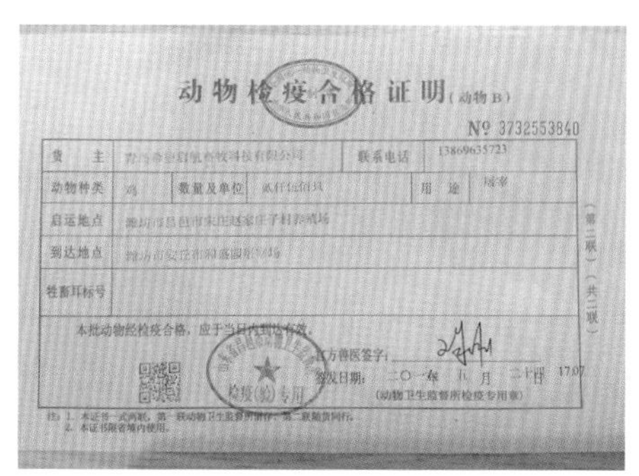

动物检疫合格证明（动物B）

№ 3732553840

货主	[illegible]	联系电话	13869635723
动物种类	鸡	数量及单位	[illegible]
用途	[illegible]		
启运地点	[illegible]		
到达地点	[illegible]		
牲畜耳标号			

本批动物经检疫合格，应于当日内到达有效。

官方兽医签字：

签发日期：二〇一 年 月 日

（动物卫生监督所检疫专用章）

（第二联）（共二联）

动物检疫合格证明

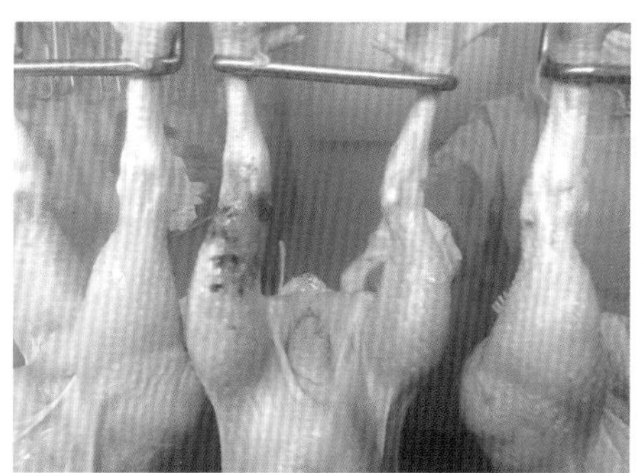

屠体显示腿部抓伤

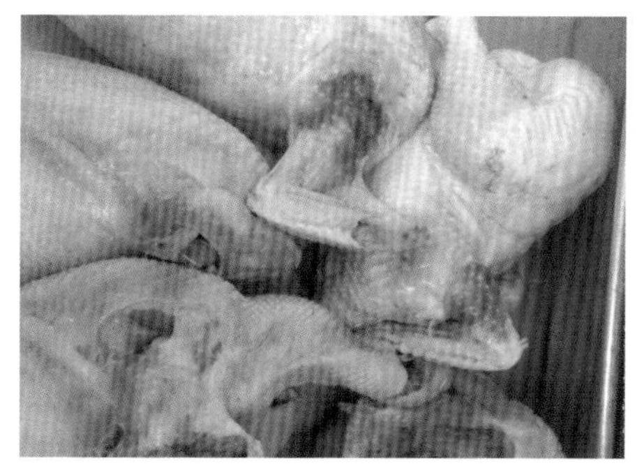

断翅、淤血严重

控制每笼的鸡只数量

减少空笼出现

装车过程中喷淋水，防止应激

待宰棚内安装吊扇

挂鸡台卸车

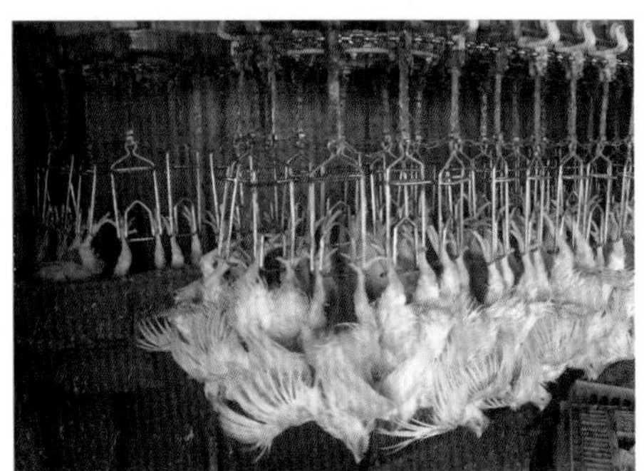

挂鸡台挂鸡

七、笼养肉鸡成功关键点

1. 笼养肉鸡成功“八要素”

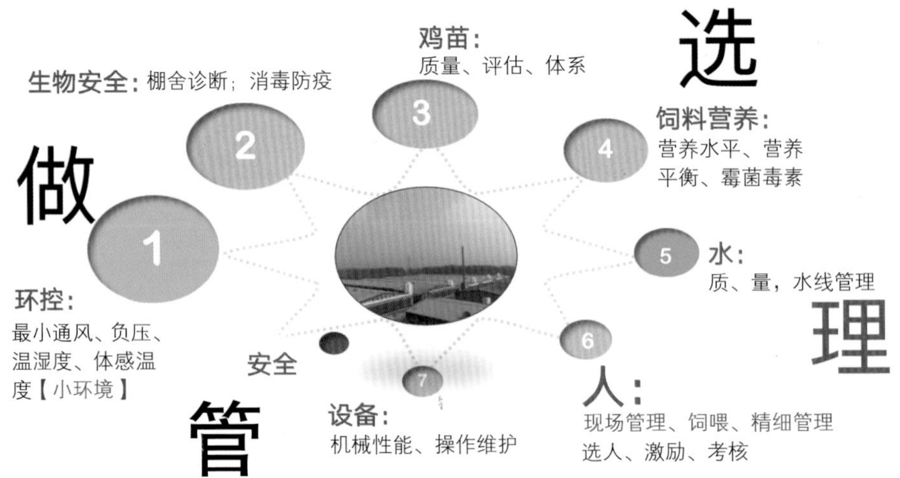

2. 笼养肉鸡管理“六养法则”

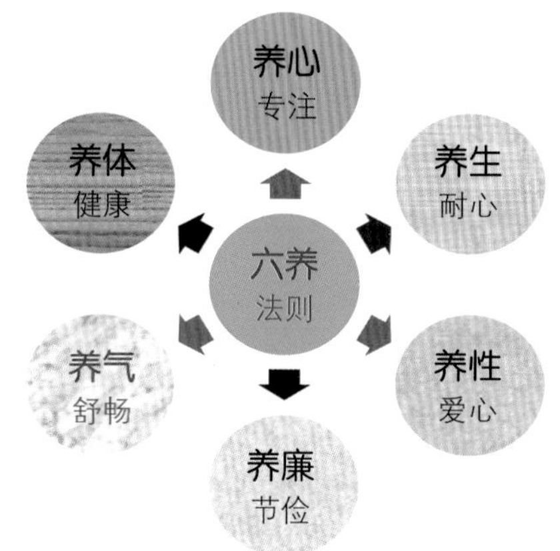

◇ 养心（专注、专业）：想着鸡，研究鸡，学透学精

◇ 养生（耐心、心静）：随鸡 / 机而动，围着鸡儿转

◇ 养性（爱心、呵护）：吃好、玩好、睡好

◇ 养廉（节俭、成本）：成本观念，造肉成本，料肉比

◇ 养气（舒畅、气顺）：环控，温控 + 通风；“气顺”

◇ 养体（健康、运动）：勤观察、勤动手，鸡健康

3. 笼养肉鸡管理“五心法”

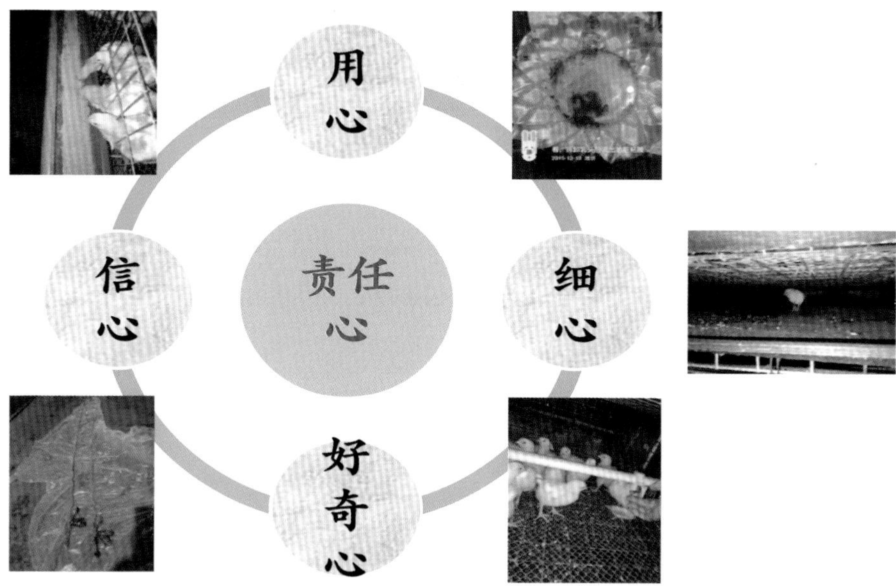

4.“五好”养鸡场

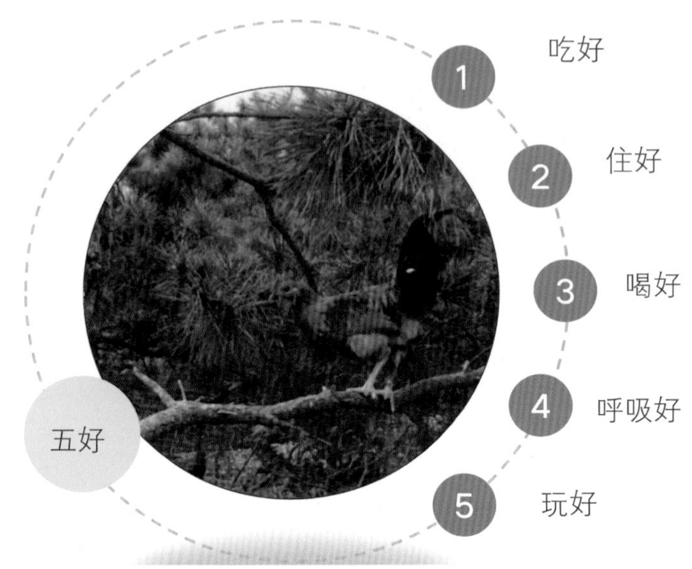

5. 对饲养管理的理解

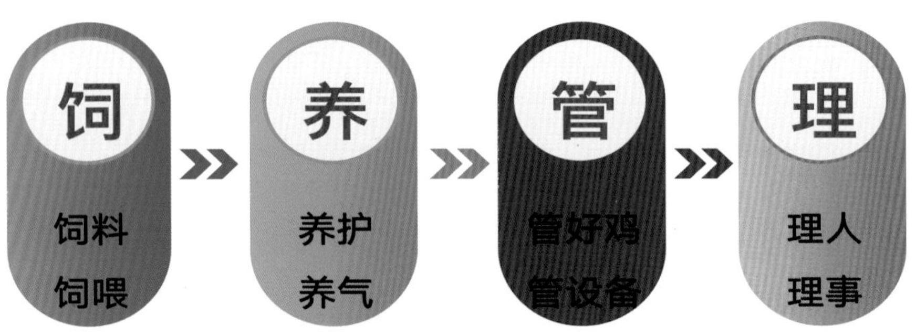

饲养　把鸡养好
体重达标、成活率高、免疫力强、产蛋率高

管理　把鸡、人、事、场管理好
安全生产、操作规范、生产效率高，获得长期最大收益

6.“春季养鸡诀”

“春季养鸡诀”

自然科学有标准，鸡群表现是根本；
风柔温平润乎乎，人鸡合一真舒服；
春回大地暖风飘，稍不注意体温热；
育雏湿度也重要，温度多变莫忘掉；
吃好喝好呼吸畅，即使不胖也很壮；
加料不匀糊弄人，称重数据会伤神；
温度起伏应微变，幅度增大活难干；
春季通风很难搞，要领不到疾病找；
微量通风虽说好，鸡舍闷鸡几率高；
加大通风好处多，把握不住就会过；
炉风温湿精细管，风寒风热靠边站；
鸡群观察有技巧，只要用心错不了；
饲养方案共商讨，欧洲指数能达标。

第五章
肉鸡的饲料与营养

一、肉鸡全价料喂养阶段

配制肉鸡日粮是为了提供高效肉鸡生产所必需的能量和营养成分。鸡所需要的基础营养成分为水、氨基酸、能量、维生素，以及矿物质等，必须保证肉鸡骨骼和肌肉的正常发育。原料质量、饲料形状及卫生状况，直接影响这些基本营养成分的效用。由于不同肉鸡的出栏体重、体形要求不同，所以只提供单一的营养成分是不切合实际的，必须调整肉鸡日粮配方。

1. 肉鸡的生理特点

（1）育雏期：鸡在育雏期抗应激能力差，体温调节能力差，敏感性强，消化系统不健全。此阶段最重要的是鸡器官的发育，尤其是消化器官的发育，日粮要有较高蛋白质和氨基酸水平，有利于刺激雏鸡食欲，使消化系统和免疫系统发育良好。

（2）生长期：鸡在生长期免疫力低，生长迅速，内脏快速发育。此阶段重点是长骨骼，日粮中除了保持较高蛋白质和能量水平外，还需要足量的磷酸氢钙和石粉，为鸡在育肥期骨骼生长提供钙和磷。

（3）育肥期：鸡在育肥期体温调节能力强，代谢旺盛，骨骼肌肉快速增长。鸡内脏器官和骨骼发育基本成熟，采食量不断增加，对营养物质的吸收和转化能力很强，日增重 92 g 以上，增重速度不断加快。鸡在此阶段需要高能量饲料，添加脂肪有利于加快肌肉生长和改善鸡肉的口感。

（4）改善消化能力：肉鸡的消化能力受胃肠道的生长发育、消化酶和盐酸的产生速度等影响。孵化后 1 周内，消化系统生长发育速度是其他系统的 5~6 倍。5 日龄鸡肠腔横截面积为 0 日龄时的 3~4 倍，小肠中部、末端和回肠绒毛长度分别增加 1~2 倍，而 5 日龄与 14 日龄相比无显著差异。

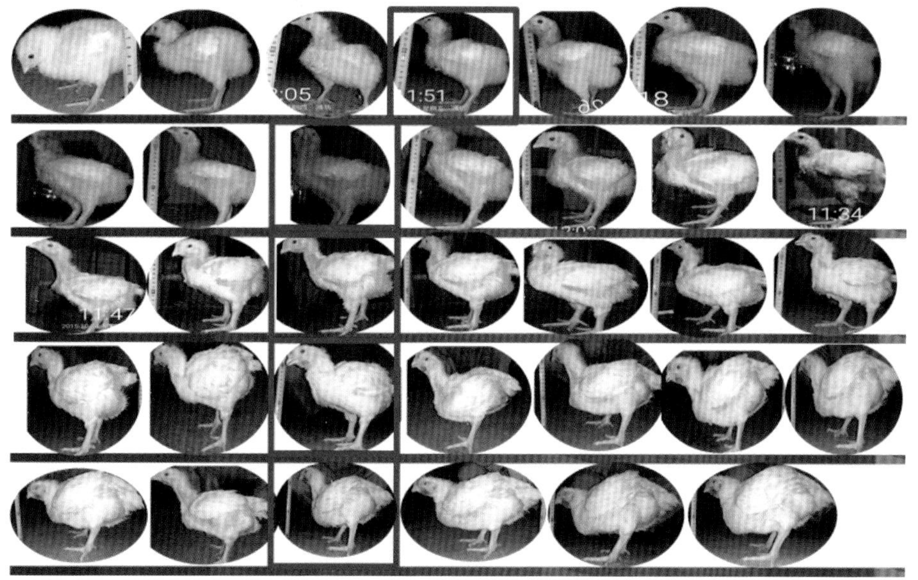

肉鸡每日生长图

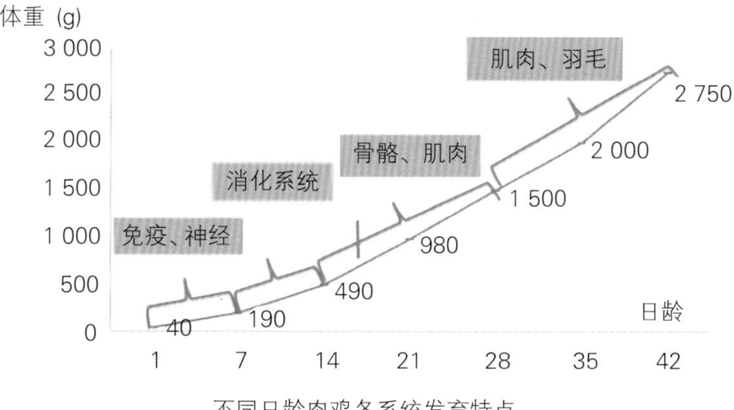

不同日龄肉鸡各系统发育特点

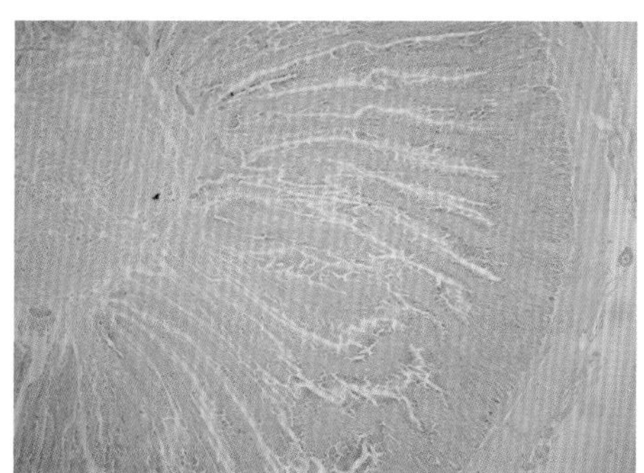

肉鸡正常小肠绒毛

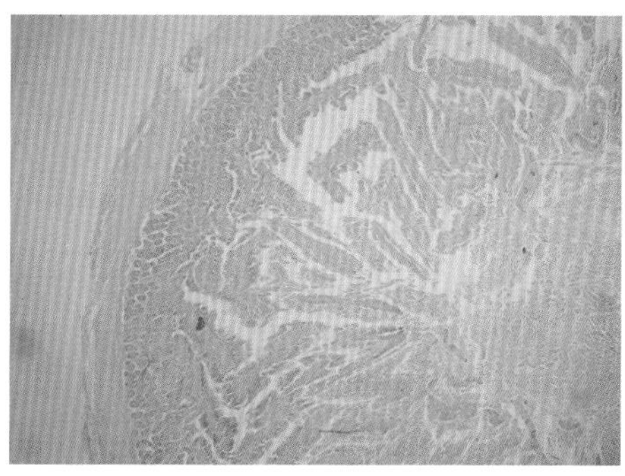

肉鸡肠炎小肠绒毛

从10日龄开始，肉鸡的消化道容量和酶分泌量增加，以适应采食量的增加。饲料中蛋白酶、脂肪酶和淀粉酶含量要持续增加。

4~21日龄鸡，进入十二指肠的胰蛋白酶、淀粉酶和脂肪酶增加了20~100倍，但酯酶活性增加较少，比其他酶类增加缓慢。胆汁的分泌也与消化酶一样，随鸡日龄而增加。

2. 肉鸡营养需求

AA⁺ 商品代肉鸡营养需求 （单位：%）

日龄（天）	雏鸡		生长鸡		育肥鸡前期		育肥鸡后期	
	0~10		11~24		25~42		43日龄至出栏	
能量（MJ/kg）	12.65		13.2		13.4		13.5	
氨基酸	总量	可消化	总量	可消化	总量	可消化	总量	可消化
赖氨酸	1.43	1.27	1.24	1.1	1.06	0.94	1	0.89
蛋氨酸+胱氨酸	1.07	0.94	0.95	0.84	0.83	0.73	0.79	0.69
蛋氨酸	0.51	0.47	0.45	0.42	0.4	0.37	0.38	0.35
苏氨酸	0.94	0.83	0.83	0.73	0.72	0.63	0.68	0.6
缬氨酸	1.09	0.95	0.96	0.84	0.83	0.72	0.79	0.69
异亮氨酸	0.97	0.85	0.85	0.75	0.74	0.65	0.7	0.61
精氨酸	1.45	1.31	1.27	1.14	1.1	0.99	1.04	0.93
色氨酸	0.24	0.2	0.2	0.18	0.17	0.15	0.17	0.14
粗蛋白	22~25		21~23		19~22		17~21	
主要矿物质								
钙	1.05		0.9		0.85		0.8	
有效磷	0.5		0.45		0.42		0.4	

Ross 308 商品代肉鸡营养需求 （单位：%）

日龄（天）	开食期		生长期		后期	
	0~10		11~28		29日龄至屠宰	
粗蛋白	22~25		20~22		18~20	
能量（MJ/kg）	12.64		13.34		13.55	
氨基酸	总量	可消化	总量	可消化	总量	可消化
精氨酸	1.48	1.33	1.28	1.16	1.07	0.96
异亮氨酸	0.95	0.84	0.82	0.72	0.68	0.60

（续表）

日龄（天）	开食期		生长期		后期	
	0~10		11~28		29 日龄至屠宰	
赖氨酸	1.44	1.27	1.23	1.08	1.00	0.88
蛋氨酸	0.51	0.47	0.45	0.41	0.37	0.34
蛋氨酸 + 胱氨酸	1.09	0.94	0.95	0.82	0.80	0.69
苏氨酸	0.93	0.8	0.8	0.69	0.68	0.58
色氨酸	0.25	0.22	0.21	0.18	0.18	0.16
缬氨酸	1.09	0.94	0.94	0.81	0.78	0.67
矿物质						
钙	1.00		0.90		0.85	
可利用磷	0.50		0.45		0.42	
镁	0.05~0.5		0.05~0.5		0.05~0.5	
钠	0.16		0.16		0.16	
氯	0.16~0.22		0.16~0.22		0.16~0.22	

哈伯德商品代肉鸡营养需求（单位：%）

日龄（天）	超前期料	前期料	中期料	后期料 1	后期料 2
	0~10	11~20	21~33	34~42	+42
代谢能（MJ/kg）	12.6~12.8	12.6~12.8	12.8~13.02	12.8~13.44	12.8~13.44
粗蛋白	22~24	22~24	20~22	19~21	17~19
氨基酸（总量 / 可消化）					
赖氨酸	1.40/1.23	1.40/1.23	1.25/1.06	1.15/0.98	0.95/0.81
蛋氨酸	0.60/0.54	0.60/0.54	0.54/0.47	0.49/0.42	0.43/0.38
蛋氨酸 + 胱氨酸	1.05/0.90	1.05/0.90	0.98/0.85	0.90/0.78	0.78/0.68
苏氨酸	0.90/0.78	0.90/0.78	0.85/0.72	0.78/0.67	0.67/0.57
色氨酸	0.24/0.22	0.24/0.22	0.22/0.19	0.21/0.18	0.16/0.14
矿物质					
钙	1.00~1.05	1.00~1.05	1.00~1.05	0.90~0.95	0.80~0.85
有效磷	0.50	0.50	0.45	0.40	0.40
钠	0.16~0.18	0.16~0.18	0.16~0.18	0.16~0.18	0.16~0.18
氯	0.15~0.20	0.15~0.20	0.15~0.20	0.15~0.17	0.15~0.17
钾	0.85	0.85	0.80	0.75	0.70

3. 肉鸡分阶段饲料

肉鸡饲料包括开口料、生长料和后期料。一般肉鸡对营养的要求随着日龄而降低。大多数公司提供多种饲料配方，以适应肉鸡不同的营养需求。考虑到饲料生产和养殖实际情况，必须严格分阶段饲养。根据肉鸡生长发育不同阶段的生理特点，分别饲喂不同配方的饲料，肉鸡生长速度更快，饲料利用率更高，养分的排泄量（尤其是氮和磷）也更少。在我国肉鸡生产中，多采用三阶段或四阶段饲料，有的采用两阶段饲料。

（1）三阶段饲料：第一个阶段采用 510 料（0~21 日龄），蛋白质水平较高（21%~23%），含有防病药物；第二个阶段采用 511 料（22~35 日龄），与 510 料相比，蛋白质水平降低，而能量增加；第三个阶段采用 513 料（36 日龄至出栏），蛋白质水平更低，但能量水平增加，未使用药物和促生长剂。

肉鸡三阶段饲料的特点

料号	510	511	513
饲喂阶段	1~21 日龄	22~35 日龄	36 日龄至出栏
采食量（kg）	0.73	1.63	1.65
体重（g）	574	1585	2650
饲料特点	营养水平高，消化率高，整齐度好	肠道好，疾病少，成活率高	生长快，安全性好，转化率高

肉鸡三阶段饲料的营养成分　　（单位：%）

料号	使用阶段（日龄）	粗蛋白（≥）	粗纤维（≤）	粗灰分（≤）	赖氨酸（≥）	钙	总磷（≥）	氯化钠
510	0~18	21	6	8	1	0.50	0.8	0.2~0.8
511	19~32	19	6	8	0.9	0.45	0.7	0.2~0.8
513	33~	17	6	8	0.8	0.40	0.7	0.2~0.8

（2）四阶段饲料：随着肉鸡品种不断改良，又探索出了新的饲喂方法，把肉鸡料分为 4 个阶段，分别为：1 号料（0~10 日龄）、2 号料（11~20 日龄）、3 号料（21~30 日龄）、4 号料（31 日龄至出栏）。

肉鸡四阶段饲料的特点

料号	1 号料	2 号料	3 号料	4 号料
饲喂阶段	0~10 日龄	11~20 日龄	21~30 日龄	31 日龄至出栏
采食量（kg）	0.3	0.8	1.25	1.65
体重（g）	300	910	1650	2650
饲料特点	易采食，好消化，提高免疫力，促进肠道发育	促进骨骼发育，维护肠道健康，提高采食量	促进肠道发育，增强抗病力，生长速度快	营养水平高，提高采食效率，胴体转化率高

肉鸡四阶段饲料的营养成分（单位：%）

料号	使用阶段（日龄）	粗蛋白（≥）	粗纤维（≤）	粗灰分（≤）	赖氨酸（≥）	钙	总磷（≥）	氯化钠
1 号料	0~10	20.5	6	8	1.1	0.6	0.5	0.3~0.8
2 号料	11~20	19.5	6	8	1	0.6	0.5	0.3~0.8
3 号料	21~30	18.5	6	8	0.9	0.6	0.5	0.3~0.8
4 号料	31~	17	6	8	0.8	0.6	0.5	0.3~0.8

四阶段饲料 1 号料

四阶段饲料 2 号料

四阶段饲料 3 号料

四阶段饲料 4 号料

（3）饲料效果比较：四阶段饲料不同于三阶段的 510、511、513，是针对近代肉鸡育种变化后的营养需求，营养配比更加科学合理，是全新的颗粒饲料。饲喂后肉鸡料肉比低，采食量大，效果显著。四阶段饲料符合现代肉鸡育种的需要，肉鸡体重达到 2 kg，30 年前需 49 天，20 年前需 46 天，10 年前需 42 天，目前需 35 天。

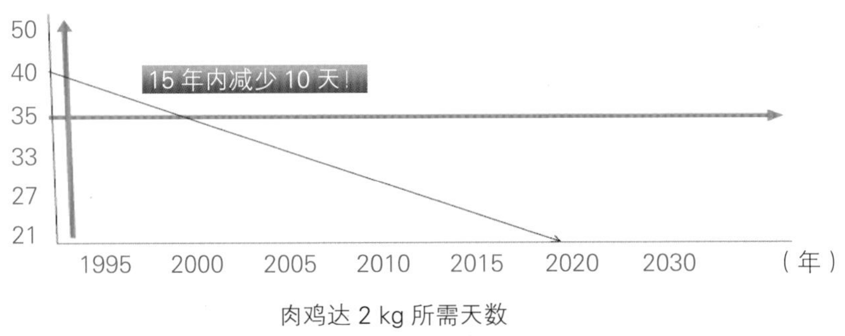

肉鸡达 2 kg 所需天数

四阶段饲料符合肉鸡生长的营养需求，前期蛋白质沉积、长肉，后期沉积脂肪。前期公鸡生长快，后期母鸡生长快。据研究，肉鸡 7 日龄体重越大，达到上市体重所需的天数也越短。在相同的饲养条件下，肉鸡 7 日龄体重每相差 1 g，会导致肉鸡 42 日龄出栏体重相差 7 g 左右。因此，能否提高肉鸡 7 日龄体重，对养殖者获得更高的经济效益显得非常重要。

四阶段饲料符合肉鸡采食习性、营养需求及管理需要。肉鸡在 10~21 日龄继续喂 0~10 日龄同样规格的饲料，会影响采食量。从营养角度考虑也不合理，因为肉鸡早期对氨基酸比能量更需要，肉鸡的卵黄囊营养够前 7 天的能量需要，并且肉鸡前期对脂肪能量的吸收利用率比较低，而在 0~21 日龄的后期对能量的需求更高了，所以喂饲料要细分。

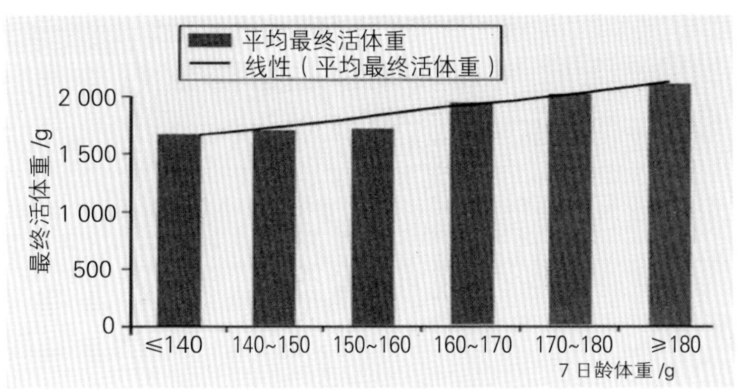

肉鸡 7 日龄体重与最终体重的关系

饲喂不同饲料肉鸡体重变化

项目	4 日龄	7 日龄	21 日龄	35 日龄	42 日龄
三阶段饲料配方体重（g）	87	150	700	1 700	2 450
四阶段饲料配方体重（g）	117	190	820	1 900	2 670
改善率	34%	21%	17%	12%	9%

不同饲料类型的优缺点

三阶段饲料	优点	前期生长速度慢，动物抗病力有可能强；生产简单
	缺点	前期营养和生长不是太匹配；应激重叠
四阶段饲料	优点	除了避开了老模式的应激外，在前期显著降低了料肉比，提高了鸡群的整齐度
	缺点	换料应激次数多

总体看来，四阶段饲料要比三阶段饲料效果好，表现在肉鸡增重快、出栏早，产肉多、净体好，降应激、疾病少，整齐度高、效益高，综合成本低。

二、饲料无抗的要求

1. 饲料中加抗生素的益处

抗生素对动物体内病原微生物有抑制和杀灭作用，能增强动物的抗病力，促进健康生长；抗生素能破坏病原微生物产生的抗生长毒素，从而提高饲料的利用率；抗生素能使动物的肠道变薄，增强了细胞的通透性，有利于营养成分的吸收；抗生素能刺激动物脑下垂体分泌促生长激素，促进某些氨基酸、维生素的合成；抗生素能增加动物的采食量，延长饲料在消化道的吸收时间。

抗生素促生长

2. 饲料含抗生素的危害

（1）抗生素会同时杀灭病原微生物和有益微生物，扰乱微生物菌群间的生态平衡，引起消化道疾病。

（2）滥用抗生素是导致耐药菌株增加的主要原因。耐药菌株又能将耐药因子向敏感菌株传递，这种传递可以在种内、种间，甚至属间进行。这些有

抗生素促进耐药菌株产生

耐药性的病原微生物可使动物患病，甚至使抗生素失去作用。

抗生素残留危害

（3）抗生素对免疫的影响。肉鸡长时间使用抗生素，可直接对机体产生毒副作用，使免疫机能下降，更容易感染疾病。抗生素对疫苗免疫也会产生不良影响。

（4）抗生素造成药物残留。抗生素随饲料进入动物消化道后，短时间内进入血液循环，通过肾的过滤随尿液排出体外，少量抗生素残留在体内，对人体有毒副作用。粪便内的抗生素也会污染环境。

3. 饲料中抗生素的管理

我国农业部发布了《允许作饲料药物添加剂的兽药品种及使用规定》，允许作饲料添加剂的抗生素有 15 种，分别对适用动物、最低用量、最高用量及停药期作了严格规定。1974 年，欧盟禁止在饲料中添加青霉素、四环素，作为促生长药物。瑞典则从 1986 年 1 月全面禁止在饲料中使用抗生素。1995 年开始，丹麦、芬兰、德国相继禁止了阿伏霉素在动物饲料中使用。2006 年欧盟成员国全面禁止使用所有抗生素生长促进剂。

我国政府多次发文禁止多种抗生素，2015~2016 年禁用沙星类抗生素、硫酸黏杆菌素等作为饲料添加剂。2019 年 7 月，农业农村部发布第 194 号公告，自 2020 年 1 月 1 日起，退出除中药外的所有促生长类药物饲料添加剂品种。自 2020 年 7 月 1 日起，饲料生产企业停止生产含有促生长类药物饲料添加剂（中药除外）的商品饲料。

2020 年 6 月，农业农村部发布第 307 号公告，自 2020 年 8 月 1 日起养殖者应当遵守《饲料添加剂安全使用规范》有关规定，不得在自配料中使用超出适用动物范围和最高限量的饲料添加剂，严禁添加禁用药物、禁用物质及其他有毒有害物质。养殖者在日常生产自配料时，不得添加抗球虫和中药以外的兽药。

中华人民共和国农业农村部
Ministry of Agriculture and Rural Affairs of the People's Republic of China
请输入关键字 搜索
首页 机构 新闻 公开 政务服务 专题 互动 数据 业务管理
当前位置：首页 > 2019 > 第七期

中华人民共和国农业农村部公告 第194号

日期：2020-01-03 15:11 作者： 来源：农业农村部 【字号：大 中 小】 打印本页

根据《兽药管理条例》《饲料和饲料添加剂管理条例》有关规定，按照《遏制细菌耐药国家行动计划（2016—2020年）》和《全国遏制动物源细菌耐药行动计划（2017—2020年）》部署，为维护我国动物源性食品安全和公共卫生安全，我部决定停止生产、进口、经营、使用部分药物饲料添加剂，并对相关管理政策作出调整。现就有关事项公告如下：

一、自2020年1月1日起，退出除中药外的所有促生长类药物饲料添加剂品种，兽药生产企业停止生产、进口兽药代理商停止进口相应兽药产品，同时注销相应的兽药产品批准文号和进口兽药注册证书。此前已生产、进口的相应兽药产品可流通至2020年6月30日。

中华人民共和国农业农村部公告第 194 号

中华人民共和国农业农村部
Ministry of Agriculture and Rural Affairs of the People's Republic of China
请输入关键字 搜索
首页 机构 新闻 公开 政务服务 专题 互动 数据 业务管理
当前位置：首页 > 公开

索 引 号：07B260275202000305 信息所属单位：畜牧兽医局
信息名称：中华人民共和国农业农村部公告 第307号 生效日期：2020年08月01日
文　　号：中华人民共和国农业农村部公告 第307号 发布日期：2020年06月16日
内容概述：关于养殖者自行配制饲料的有关规定

中华人民共和国农业农村部公告 第307号

为规范养殖者自行配制饲料的行为，保障动物产品质量安全，按照《饲料和饲料添加剂管理条例》有关要求，我部规定如下。

一、养殖者自行配制饲料的，应当利用自有设施设备，供自有养殖动物使用。

二、养殖者自行配制的饲料（以下简称“自配料”）不得对外提供；不得以代加工、租赁设施设备以及其他任何方式对外提供配制服务。

中华人民共和国农业农村部公告第 307 号

4. 饲料添加剂代替抗生素

尽可能使用酶制剂类、微生态制剂类、低聚糖类、有机酸类、中草药类、氨基酸和寡肽类等，作为饲料添加剂。酶制剂主要包括蛋白酶、淀粉酶、纤维素酶、葡聚糖酶、木聚糖酶、果胶酶、植酸酶等。

（1）酶制剂：酶制剂可促进饲料中营养物质的消化和吸收，提高肉鸡的生产性能和饲料利用率，预防消化道疾病，减少粪便中有害物质的含量，提高鸡群免疫能力等。肉鸡肠道受损后，内源酶的分泌受到抑制，日粮中添加蛋白酶、淀粉酶可以弥补内源酶的不足，而添加非淀粉多糖酶能够降低肠

淀粉酶

蛋白酶

道内容物的黏稠度。因此，日粮中添加含有内源酶和外源酶的酶制剂，对于控制肉鸡饲料有较明显效果。

（2）微生态制剂：微生态制剂又称促生素、生菌剂、活菌制剂、益生素等，是指能维持消化道微生态平衡的活体微生物。我国正式批准生产和使用的有干酪乳杆菌、植物乳杆菌、粪链球菌、屎链球菌、乳酸片球菌、枯草芽孢杆菌、纳豆芽孢杆菌、嗜酸乳杆菌、乳链球菌、酒酵母菌、产朊假丝酵母、沼泽红假单胞菌等 12 种。

（3）益生素：益生素的作用主要基于"微生态平衡理论"，主要包括促进有益菌增殖，抑制肠道有害菌增殖，维持和恢复正常微生物区系平衡；刺激机体免疫系统，提高肉鸡免疫能力；防止有毒代谢产物的产生和吸收，净化消化道内环境；合成消化酶，提高饲料的消化率；降低 pH 和消化率，提高肠道免疫力和组织完整性；补充机体营养，促进生长等。总体来说，益生菌可以改善肠道微生物平衡，而对宿主动物肠道健康有利。乳酸杆菌对鸡肠道上皮细胞有较强的吸附作用，降低了有害菌通过肠道的几率，提高了鸡的抗病力。

微生态制剂

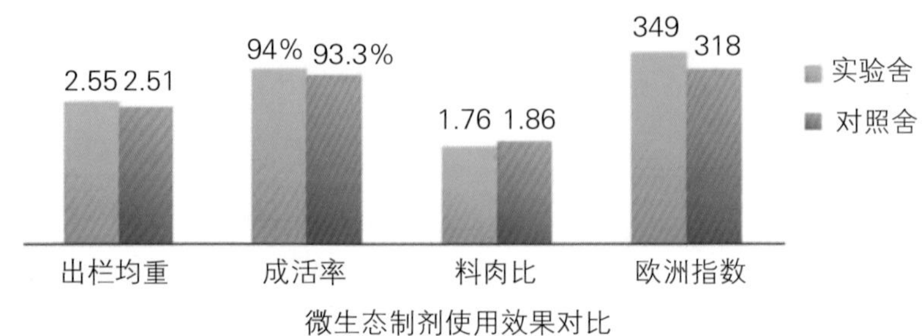

微生态制剂使用效果对比

（4）低聚糖：低聚糖又称寡糖或寡聚糖，是指 2~10 个单糖通过糖苷键连接形成直链或支链小聚合物的总称。配合饲料中使用的低聚糖，主要有寡葡萄糖、半乳糖寡糖、果寡糖、寡木糖、甘露寡糖和异源糖寡糖等。寡糖能促进肉鸡生长，防止腹泻，增强免疫力；减少粪便中氨气等，防止环境污染；提高营养物质的吸收率；降低血清中胆固醇的含量等。

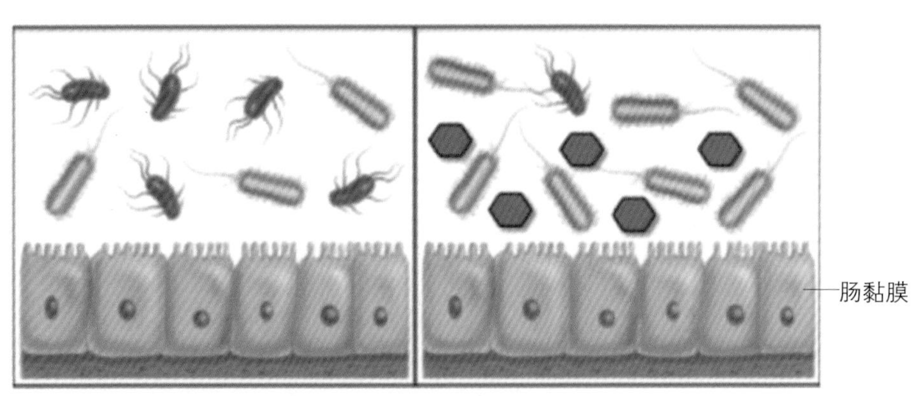

蓝色六边形为低聚糖，紫色细菌为致病菌，绿色细菌为益生菌

（5）酸化剂：酸化剂是用于调整消化道内环境的一类添加剂，主要包括无机酸和有机酸及其盐类。酸化剂可将肠道 pH 降低到 6 以下，从而减少肠壁致病菌（沙门菌、大肠杆菌等）的定植，促进正常微生物的繁殖，提高消化酶的活性。

日粮中使用丁酸等短链脂肪酸，可以促进肠道上皮细胞的增殖，迅速修复肠道，增加绒毛高度，从而提高营养成分的吸收率。所以，适当使用酸化剂可以改善肉鸡肠道消化酶的活性，有效抑制肠道有害菌的繁殖，促进饲料营养成分的消化吸收。

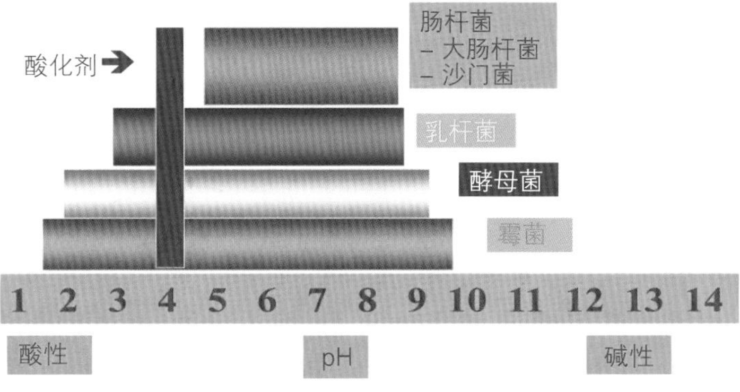

微生物不同 pH 生存条件

酸化剂对比试验

出栏情况	实验舍	对照舍	差异
日龄（天）	39	39	0
体重（kg）	5.098	5.038	0.06
成活率（%）	95.45	94.53	0.08
料肉比	1.566	1.595	0.029
欧洲指数	398	383	15

（6）中草药：中草药具有消食除积、健脾开胃、益肝助肾、理气活血、安神定心、养血补气、驱虫抗病等保健药理作用，而且含有一定量的营养物质。中草药添加于饲料中，具有保健，增进食欲，帮助消化，促进生长，提高生产性能，降低饲料消耗等作用。由于中草药含有某些天然养物质和未知因子，对鸡肉产品还有一定的改善作用。中草药毒性小、副作用少、使用安全、来源广泛，是较为理想的饲料添加剂。

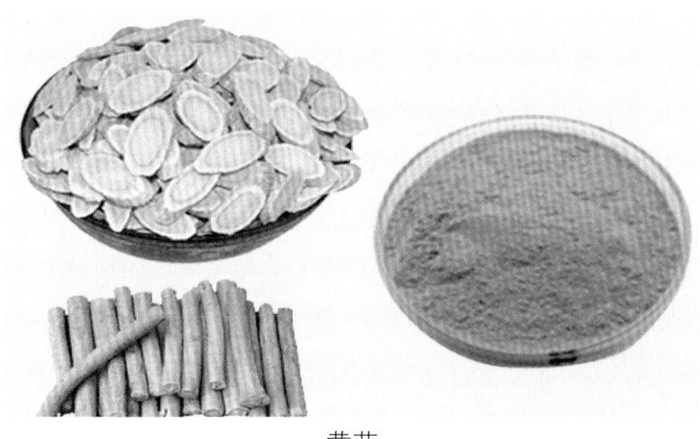

黄芪

中草药添加剂对 ND 首免后 HI 抗体效价的影响

组别	HI 抗体效价（log^2）				
	免疫前	第 3 天	第 6 天	第 10 天	第 15 天
对照组	4.83	3.80	5.00^{b}	4.75	4.33^{b}
试验 I 组	4.83	4.20	7.00^{b}	6.00	6.17^{a}
试验 II 组	4.83	3.40	5.80^{ab}	5.75	5.00^{ab}

中草药添加剂对 ND 二免后 HI 抗体效价的影响

组别	HI 抗体效价（log^2）			
	第 3 天	第 6 天	第 10 天	第 15 天
对照组	3.00	2.25	4.20	4.00
试验 I 组	3.25	2.75	5.00	4.80
试验 II 组	3.25	3.00	4.80	4.20

（7）生物活性肽：生物活性肽是由氨基酸通过肽键连接而成的有机化合物。根据其功能，大体可分为生理活性肽、抗氧化肽、调味肽及营养肽等。研究表明，活性肽不仅是机体所必需的营养物质，而且某些肽还具有抗氧化作用、类激素作用、类抗生素作用及调味功能等。由于活性肽本身是体内天然存在的生物活性物质，不会对环境造成任何不良影响。

目前对上述替抗物质的研究，一般都局限于其生理功能、单独应用效果及影响因素等方面，很少考虑到它们的组合效应，与营养性添加剂之间的影响与配伍。今后应在进一步研究活性肽生理生化机制的基础上，积极探索其合理组合及应用技术，充分发挥它们的生理功能，从而完全取代药物添加剂。

三、肉鸡维生素、微量元素缺乏症

1. 维生素缺乏症

目前已列入饲料添加剂的维生素有 16 种以上，其中氯化胆碱、维生素 A、维生素 E 及烟酸的使用量最大。在以玉米和豆粕为主的饲粮中，通常需要添加维生素 A、维生素 D_3、维生素 E、维生素 K、维生素 B_1、维生素 B_2、烟酸、泛酸、叶酸、氯化胆碱、维生素 B_{12}，以及生物素等。

维生素可分为脂溶性维生素和水溶性维生素两大类。维生素能提高动物免疫力或抗应激能力，促进生长，改善畜禽产品的质量等。

维生素生理生化作用及其缺乏症

维生素名称	生理生化功能	缺乏症	动物需要量
维生素 A	维持动物弱光下的视力；保护上皮组织，维持骨生长需要	干眼病、夜盲症；生长迟缓，体重减轻，食欲丧失，神经调节不协调，步态蹒跚	1 000 ~ 5 000 IU/kg 饲料
维生素 D	调节钙、磷比例，促进钙、磷利用率，是动物正常的骨骼发育所必需	钙、磷代谢失调，佝偻症	1 000~2 000 IU /kg 饲料
维生素 E	抗氧化剂；维持正常繁殖机能，保证肌肉的正常生长	繁殖障碍，肝坏死；肌肉营养不良（白肌病）。雏鸡脑软化，渗出性素质；母鸡产蛋率和孵化率下降	10~20 mg/kg 饲料
维生素 K	凝血酶的形成，参与凝血活动	延长凝血时间，全身出血，严重时死亡	0.5~1.0 mg/kg 饲料
烟酸（维生素 B_3）	辅酶（NAD 和 NADP）成分，参与碳水化合物、脂类和蛋白质的代谢	生长迟缓，食欲减退；皮炎，被毛零乱，肠溃疡。鸡出现羽毛生长不良，痂性皮炎。口腔病	10~50 mg/kg 饲料
泛酸	能量代谢所需的辅酶 A 成分	生长迟缓，被毛粗乱、脱毛；皮炎、胃肠炎	7~12 mg/kg 饲料
维生素 B_6	作为辅酶，参与氨基酸代谢和血红蛋白的形成；在内分泌系统中有重要作用	消化不良，生长迟缓，猪血红蛋白质过少性贫血；鸡羽毛不正常，异常兴奋，无目的运动和痉挛。母鸡产蛋率、孵化率降低	1~3 mg/kg 饲料
维生素 B_2	参与碳水化合物、蛋白质和脂肪的代谢，促进生长	鸡爪麻痹，步态不稳；生长受阻，白内障等	2~4 mg/kg 饲料
维生素 B_1	作为辅酶参与 α－酮酸的氧化脱羧反应，参与碳水化合物代谢；促进食欲，有助于繁殖	食欲减退，消化不良，体重下降；雏鸡多发神经炎，母鸡产蛋率下降	1~2 mg/kg 饲料
维生素 C	参与细胞间质胶原蛋白的合成；促进抗体形成，提高机体抵抗力	营养不良，生长迟缓；坏血病。口腔肿胀、出血、溃疡，骨软症	动物对维生素 C 的需要量没有规定
维生素 B_{12}	以辅酶形式参与机体多种代谢活动	动物生长迟缓，种蛋孵化率降低	3~20 μg/kg 饲料

（续表）

维生素名称	生理生化功能	缺乏症	动物需要量
生物素	多种酶系统中的重要组分，参与氨基酸的脱氨作用，氨基酸和脂肪的合成	生长不良，皮炎，被毛脱落；饲料利用率降低，母鸡产蛋率、孵化率降低	50~300 μg/kg 饲料
胆碱	控制神经冲动的传导和磷脂的成分；供给甲基	脂肪肝，肾出血，繁殖不良，雏鸡滑腱症	400~1 300 mg/kg 饲料
叶酸	参与嘌呤、嘧啶、胆碱的合成和某些氨基酸的代谢	贫血，血小板、白细胞减少，免疫功能异常	0.3~0.55 mg/kg 饲料

2. 微量元素缺乏症

微量元素是动物营养中的一大类无机营养物质，占机体的1%~5%，除了作为骨骼、血液、体液、某些分泌物及软组织的组成部分外，还有调节体内许多重要机能的作用。现在发现动物所需的19种微量元素中，任何一种微量元素供应不足，都会导致微量元素缺乏症。虽然因微量元素缺乏症而死亡的病例较少，但会使动物体质衰弱，生长受阻和生产能力下降，且往往不易被察觉。

微量元素生理生化作用及其缺乏症

微量元素名称	生理生化功能	缺乏症
钙	影响骨骼生长、血液凝固、心脏正常活动、肌肉收缩、酸碱平衡、细胞通透性，以及神经活动等	佝偻病、骨软化症。生长缓慢，腿骨弯曲，膝关节和跗关节肿胀、粗大，跛行，瘫软无力，行走不稳
硒	具有抗氧化作用，促进蛋白质的合成；促进脂肪和维生素 E 的吸收	小脑软化症，肌肉营养不良
锰	参与骨骼形成和碳水化合物、脂肪和蛋白质的代谢，促进维生素 K 和凝血酶原的生成，维持大脑正常代谢功能	生长受阻，骨骼畸形，跗关节肿大和变形，胫骨扭转、弯曲，不能站立和行走
锌	参与体内正常蛋白质的合成及核酸的代谢。维持上皮细胞和皮毛的正常形态和生长。锌是胰岛素的重要成分，对糖代谢具有一定作用	生长发育受阻，羽毛生长不良，皮炎。骨骼变形，胫骨粗大，关节肿大
铜	作为金属酶组成部分，直接参与体内代谢。维持铁的正常代谢，有利于血红蛋白合成和红细胞成熟。参与骨形成	贫血，运动障碍，神经功能紊乱，骨和关节变形，羽毛褪色。雏鸡骨骼变脆，易于折断

第六章
通风管理

一、鸡舍通风模式

根据有无通风设备，鸡舍有机械通风和自然通风两种；根据鸡舍内外气压差异，机械通风分为“抽风”和“鼓风”，“抽风”为负压通风，“鼓风”为正压通风。根据鸡舍内空气流动方向不同，负压通风分为纵向通风、横向通风和过渡通风。我们常常谈及的最小通风，是根据鸡群最低通风量需求来设计的。

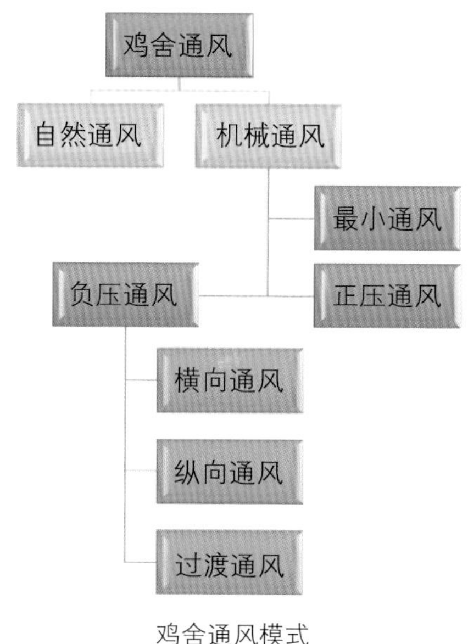

鸡舍通风模式

1. 空气流动方向

（1）横向通风：水平切面为长方形的鸡舍，从一长侧墙安装进风小窗进风，从另一边侧墙风机排风，称为横向通风。

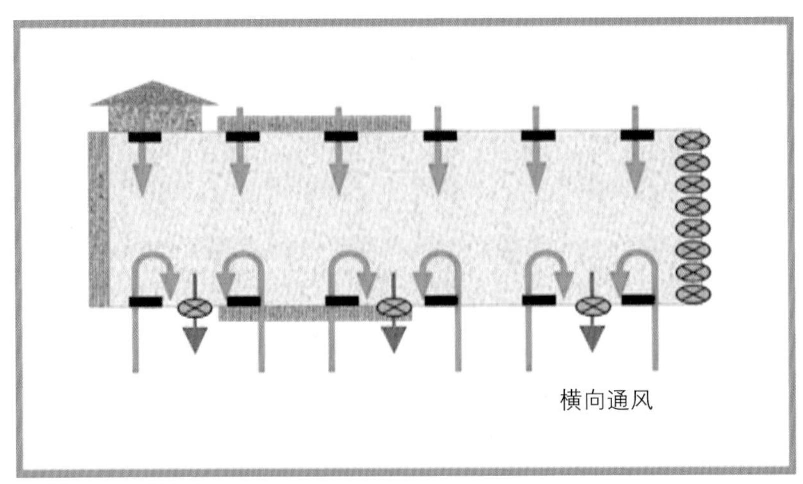

特点：横向通风常在寒冷季节或者育雏期间使用，能产生最低的风速，鸡舍环境平衡稳定，但是要求鸡舍间距大，通风模式更换时会给鸡群带来应激。

（2）纵向通风：又称隧道通风，水平切面为长方形的鸡舍，从一条短边侧墙（山墙）的湿帘窗或者远离鸡舍风机的侧墙湿帘窗进风，从另一条短边侧墙（山墙）的风机处排风，称为纵向通风。

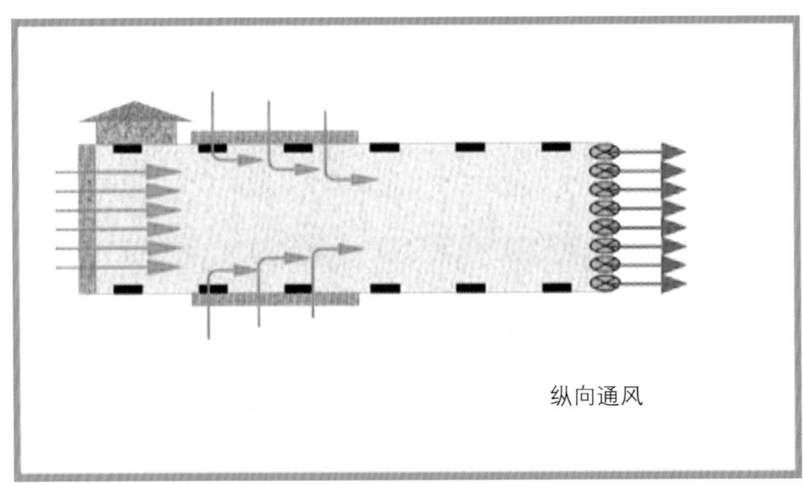

特点：因纵向通风能产生较大风速，给鸡群带来风冷效应，可配合湿帘使用，常在育肥期的炎热天气采用纵向通风。

（3）过渡通风：介于横向通风和纵向通风之间。

特点：过渡通风是目前最常见的一种通风换气模式，设计简单，操作简便，但常产生鸡舍内纵向的温度、湿度、空气质量差异，注意扬长避短。

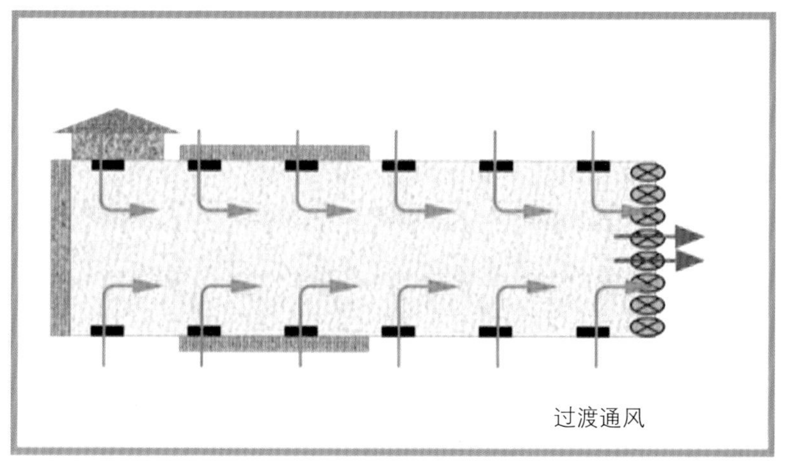
过渡通风

2. 最小通风

为保证鸡群生长、发育和基础代谢的需要，即使在寒冷季节也必须为鸡群提供基础通风量，从鸡舍内排除过量的氨气、二氧化碳和湿气，保证空气质量，即最小通风。

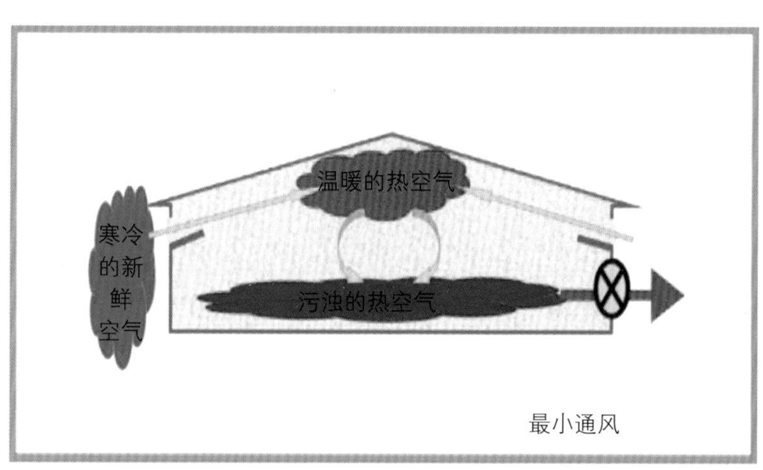

最小通风

二、笼养鸡舍一般通风设计原则

一般鸡舍横截面纵向设计风速为2~3 m/秒，平养鸡舍2~2.5 m/秒，规模笼养鸡舍2.5~3 m/秒。湿帘过帘设计风速能力为2 m/秒；风机额定通风能力为700 m^3/分钟以上，侧墙进风小窗通风面积能满足40%~50%风机通风量的需求。湿帘、风机、进风口面积留有一定余量。

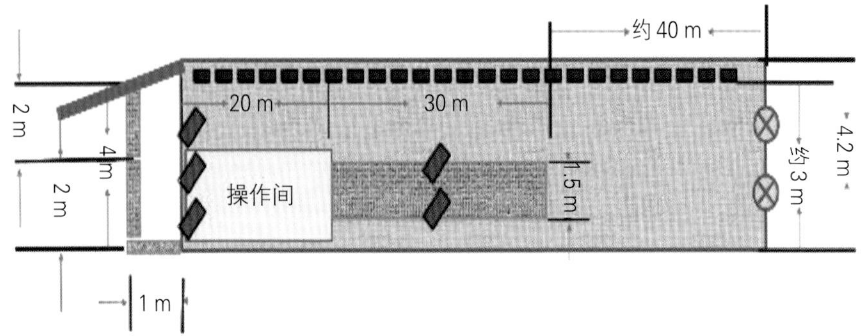

鸡舍纵向立切面示意图

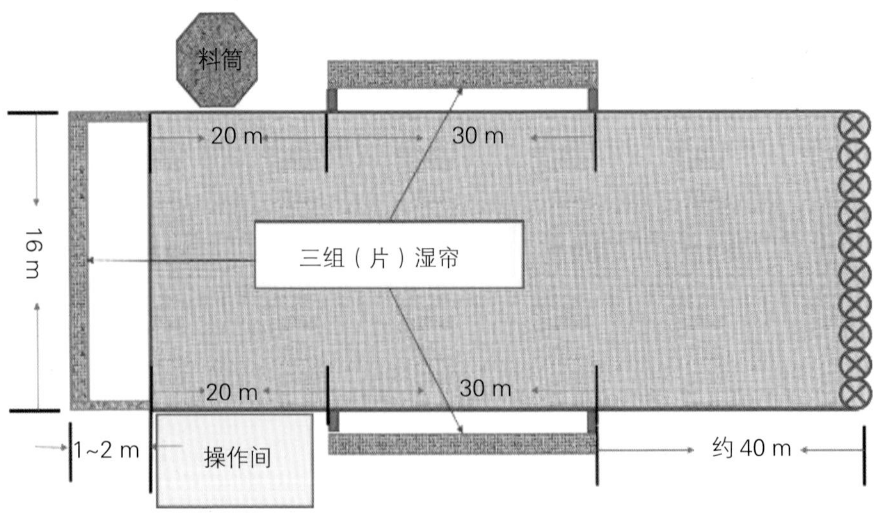

鸡舍纵向水平切面示意图

三段式湿帘相比一段式、两段式湿帘冷却均匀，管理相对简单，是目前笼养肉鸡舍主流；山墙湿帘面积设计足够大，侧墙湿帘设计细长型，冷却均匀，使用方便。

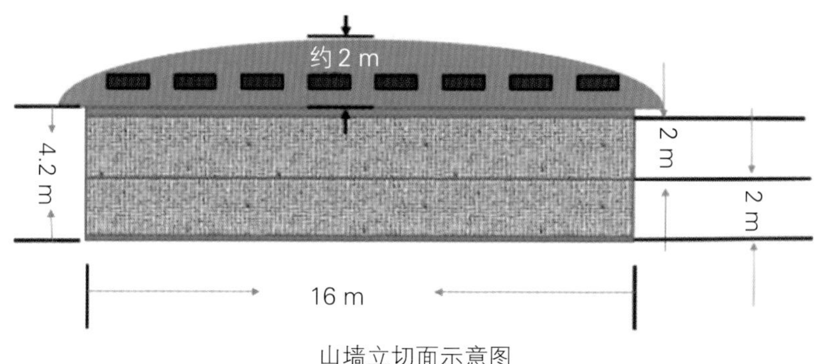

山墙立切面示意图

鸡舍长 90 m，宽 16 m，均高 5 m，笼养白羽肉鸡 4.5 万只，通风设备设计如下：

1. 风机安装

横截面积 =16（m）×5（m）=80 m^2；最大通风量 =80（m^2）×3（m/秒）×60（秒）=14 400 m^3/ 分钟；排风扇需求 =14 400（m^3/ 分钟）/700（m^3/ 分钟）=20.6 台，需要安装风机 21 台。

2. 湿帘安装

湿帘面积需求 21（台）×700（m^3/ 分钟）/60（秒）/2（m/ 秒）=122.5 m^2

注意：考虑到常用湿帘外径测量模式，有效面积约为建筑面积的 80%，同时考虑到湿帘多年使用后湿帘纸松软、膨胀，通风效率降低，至少安装 150 m^2 湿帘。

湿帘安装：山墙安装高 2 m、长 16 m 湿帘，上下两幅，山墙湿帘面积 64 m^2；两侧墙各安装高 2 m、长 30 m 湿帘，两幅为 120 m^2。湿帘总面积为 184 m^2，有效面积达到 147 m^2。

3. 侧墙进风小窗安装

侧墙进风小窗为长 56 cm、高 26 cm。本鸡舍安装 21 台风机，一般侧墙安装 10 台风机。

侧墙进风小窗风速为 6 m/ 秒；侧墙进风小窗总面积 =10（台）×700（m^3/ 分钟）/60（秒）/6（m/ 秒）=19.4 m^2；侧墙进风小窗个数 =19.4（m^2）/0.56（m）

/0.26（m）=133.2 个。

建议：山墙上安装进风小窗 8 个，两侧边墙各安装 45 个，间距 2 m，不足部分用湿帘后翻板窗代替。若安装大尺寸侧墙进风窗，可适当减少侧墙进风窗个数。

三、肉鸡舍负压通风原理

大气压是什么？

大气压就是作用在单位面积上的空气压力，早在 400 多年前，托里拆利就利用水银柱升降测量大气压；1654 年，马德堡半球试验也向世人展示了大气压的威力。

一个标准大气压 P_0=760 mm 汞柱 =1.013×10^5 Pa

负压是什么？

简单的说，“负压”是低于常压（即常说的一个大气压）的气体压力状态。

1. 静态负压

在密闭良好的鸡舍开启排风扇，鸡舍内外会产生气压差，这个压差就是负压。没有空气流动时，负压的特点是静态负压，舍内各个点压强一致，即前、中、后负压大小一致。

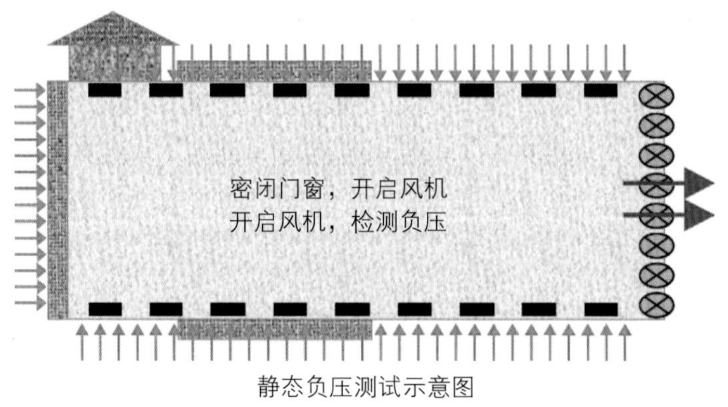

静态负压测试示意图

密闭良好的鸡舍打开一个风机，能产生 30 Pa 以上的负压，静态负压是衡量一个鸡舍密闭性能的重要指标。

2. 动态负压

动态负压与通风小窗风速密切关联。

动态负压与鸡舍宽度关系

鸡舍宽	负压	侧窗风速
10.4 m	–7.5 Pa	3.55 m/ 秒
10.9 m	–10.0 Pa	4.06 m/ 秒
12.2 m	–12.4 Pa	4.57 m/ 秒
13.7 m	–14.9 Pa	5.08 m/ 秒
15.2 m	–17.4 Pa	5.59 m/ 秒
18.3 m	–19.9 Pa	6.10 m/ 秒
21.3 m	–22.4 Pa	6.60 m/ 秒

有空气流动时，负压与空气流动速度密切相关。在鸡舍屋顶悬挂轻薄的磁条，可以观察进风时磁条的摆动幅度，感知负压和风速大小。

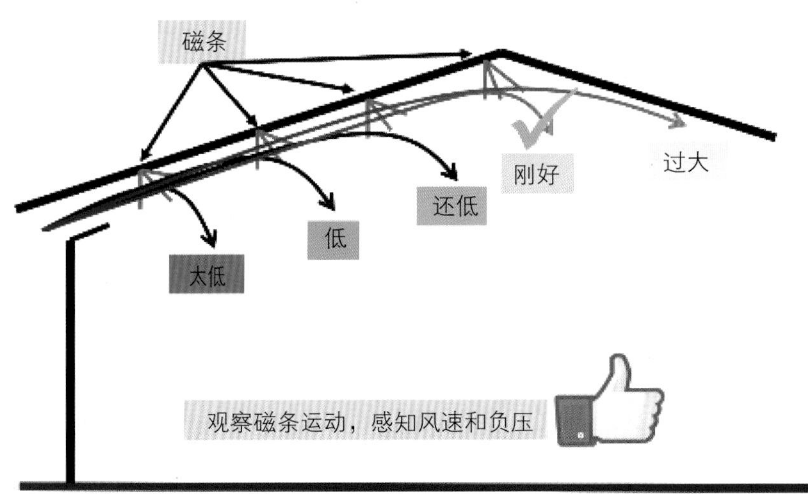

动态负压与冷空气落点示意图

负压与通风小窗风速密切关联，而风速又影响冷风落点。负压太低时，侧墙附近容易湿度高；负压偏高时，鸡舍中间湿度高，湿度是冷风落点的一面“镜子”。

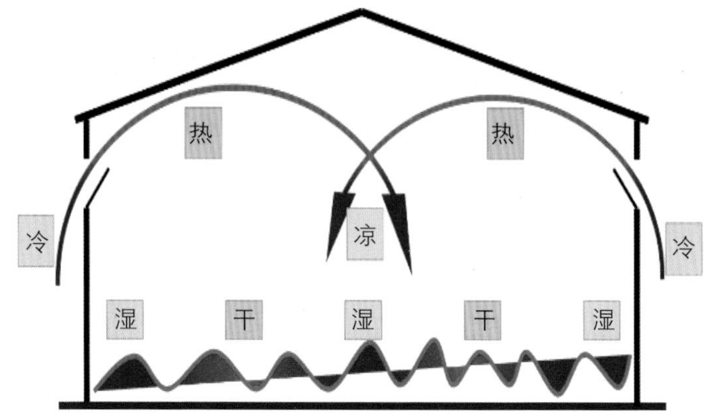

冷风落点在地面呈现示意图

鸡舍动态负压低于 10 Pa，易出现鸡舍通风小窗进风风速前、中、后差异大的现象。

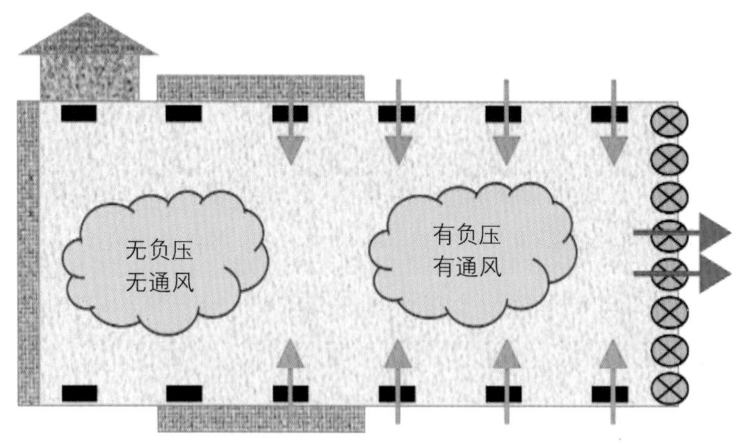

无负压无通风示意图

鸡舍动态负压大于 20 Pa 时，鸡舍通风小窗进风风速前、中、后风速差异小，是重要的通风参数指标。

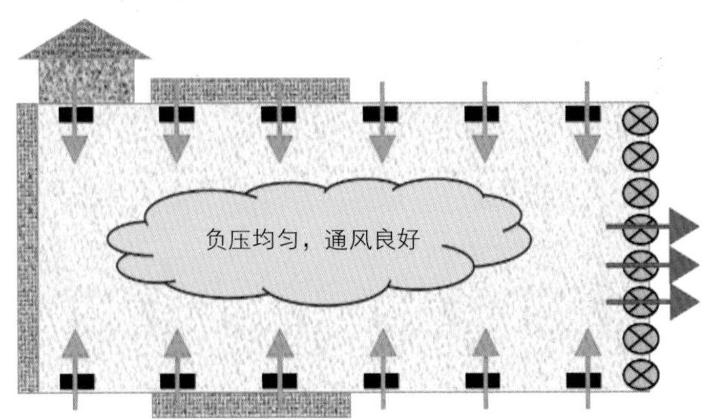

负压均匀即通风良好示意图

不考虑鸡舍内外压强差、流体粘滞效应、鸡舍外风速，在 1 个标准大气压、10℃条件下，小窗风速与负压的关系见下表。

小窗风速鸡舍负压关系表

风速 (m/ 秒)	负压差 (Pa)
1	0.624
2	2.496
3	5.616
4	9.984
5	15.6
6	22.464
7	30.576
8	39.936
9	50.544

四、笼养肉鸡舍最小通风

1. 通风目的

保证鸡舍内充足的氧气含量（>19.6%）；排走鸡产生的过多热量；平衡鸡舍环境（保持舍内适宜的温度、湿度）；排出湿气，减少舍内粉尘量；减少舍内有害气体（氨气、二氧化碳、硫化氢等）的产生。

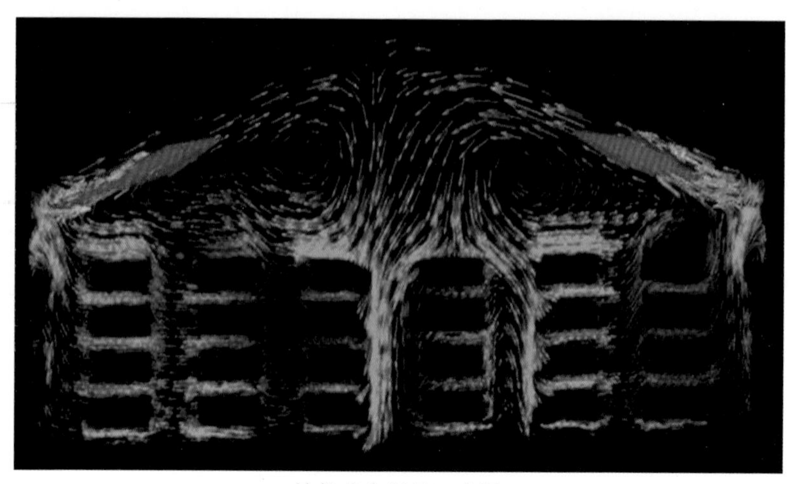
笼养鸡舍通风示意图

氨气的危害

标准	< 10 mg/m^3
人类能够感觉	> 5 mg/m^3
纤毛停止运动 / 呼吸道损伤	20 mg/m^3 (3 分钟)
料肉比降低	25~51 mg/m^3
损伤眼睛 / 饿死 / 脱水	46~102 mg/m^3（12 小时）

2. 体感温度的影响

当舍外气温低于 15℃时，为避免舍外冷空气直接吹到鸡身上，降低舍内空气的流动速度，鸡舍内由纵向通风改为横向通风或过渡通风。通风能改变鸡舍内的温、湿度和风速，当鸡体温调节能力不完全时，常使用最小通风。

3. 通风量计算

如果鸡舍长 90 m、宽 16 m，风机 20 个，每个风机排风量 700 m^3/ 分钟，排风效率 80%；侧墙进风小窗 60 cm × 30 cm（内径 54 cm × 25 cm）98 个；最小通风量要求 0.015 5 m^3/ 分钟 · kg；舍内有鸡 4.5 万只，均重 2 kg；进风口风速为 6 m/ 秒。

通风量 = 平均体重（kg）× 鸡数 × 最小通风量 =2（kg）× 45 000（只）× 0.015 5（m^3/ 分钟 · kg）=1 395 m^3/ 分钟，约为 1 400 m^3/ 分钟。

舍内需要通风量为 1 400 m^3/ 分钟，每个风机排风量 700 m^3/ 分钟，则需要使用 2 个风机，排风效率为 80%，这样就需要开启 3 个风机。

小窗开启宽度计算：所需进风面积 =700（m^3/ 分钟）×3（个）×80%×60（秒）/6（m/ 秒）=4.7 m^2。进风口数量 98 个，每个宽 0.54 m，进风小窗开启大小为：4.7（m^2）/98（个）/0.54（m）=0.09 m。3 个风机开启时，进风口开合度为 9 cm。

4.5 万只肉鸡，在最小通风系数 0.015 5 m^3/ 分钟 · kg 时，不同日龄最小通风量（单位：m^3/ 分钟）柱状图如下：

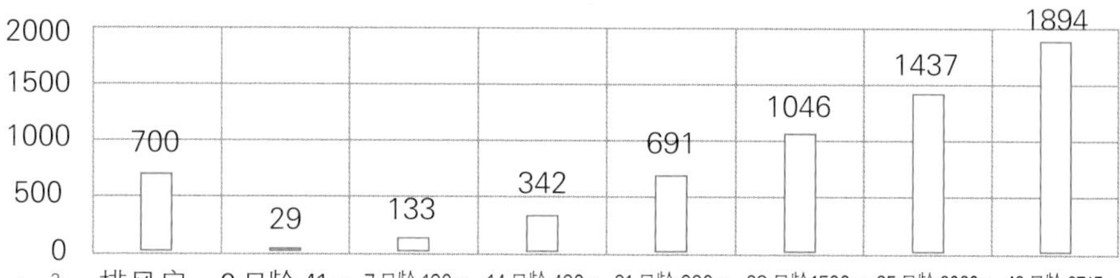

鸡舍最小通风与体重关系柱状图

随着鸡体重的增加，最小通风量迅速增加，要及时调整。

五、通风小窗位置高低

通风小窗是集约化笼养肉鸡舍必备的，安装的位置高低如何确定？

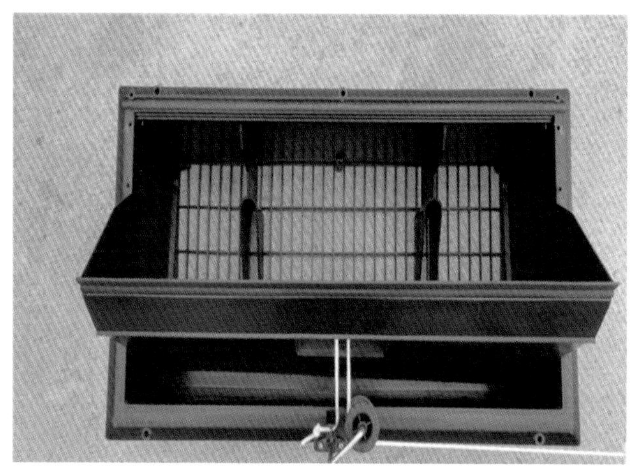

肉鸡舍常用侧墙通风小窗

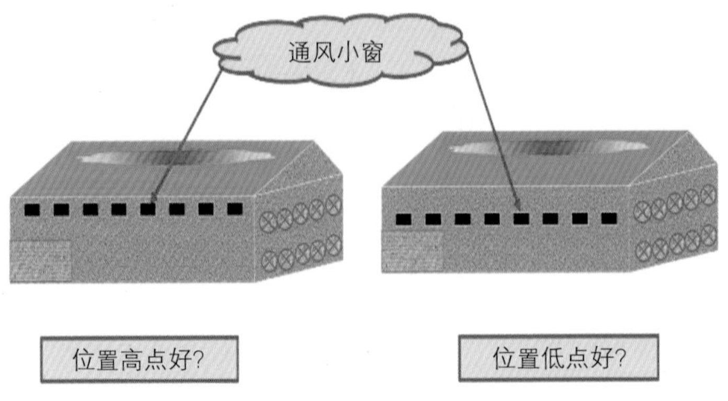

通风小窗位置高低不同

高位小窗可以充分利用鸡舍上层热空气的热量，有效防止冷风快速下落，防止鸡群受到冷应激。低位小窗可以减少冷风经横梁等折射，减少鸡受到冷应激的隐患，新鲜气流更容易到达鸡舍中间。

通风小窗不能只考虑位置高低，要结合鸡舍宽度、鸡舍顶情况和设备匹配等综合考虑。

1. 鸡舍宽度（跨度）

鸡舍宽度越宽，新鲜气流吹到鸡舍中间的难度越大，需要的负压更高，风速更大。一般需要将进风小窗安装高一点。

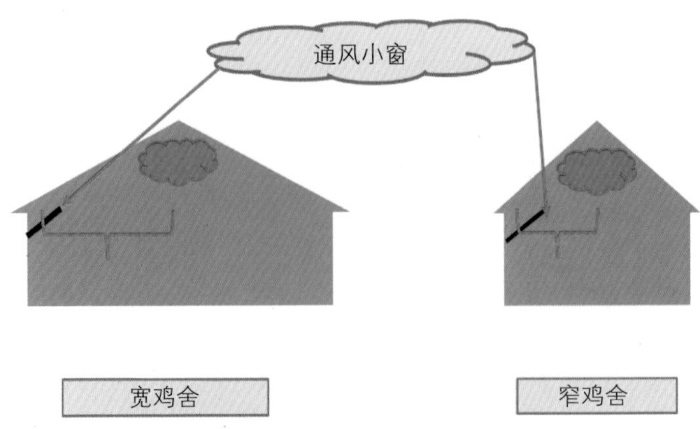

鸡舍宽度对侧墙小窗高低的影响

2. 屋顶形状

对于尖顶鸡舍，冷空气吹到舍顶后不会折射下来；圆顶鸡舍，小窗安装位置过高，冷风吹到屋顶可以折射下来。

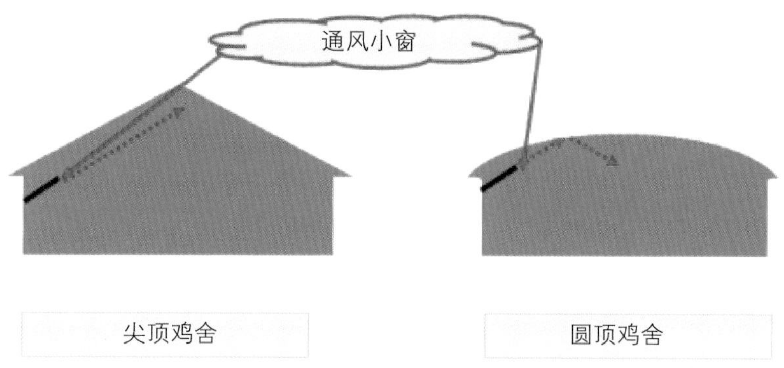

屋顶形状对侧墙小窗位置高低的影响

3. 屋顶横梁布局

有横梁的鸡舍，容易产生冷风折射，小窗应该安装低点；鸡舍内屋顶平缓，无凸起，不存在冷风折射点，小窗可以适当安装高点。

屋顶过横梁明显

舍内屋顶平顺

横梁结构对侧墙小窗安装位置高低的影响

4. 鸡舍环控设备

如果鸡舍密闭良好，某些环控仪控制通风换气，不存在风机停转或转速降低的情况，通风口保持不变，小窗安装高或低均可；如果采用普通环控仪，存在风机停转或风速变化的情况，通风口保持不变，鸡群容易受到冷应激，小窗应安装高点。

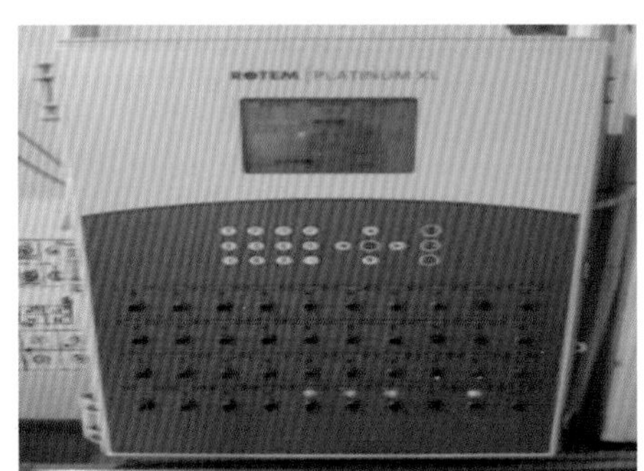

环控仪与通风口自动开启配合

当前普通笼具，考虑到抓鸡和监控方便，一般设计 3~4 层高，通风窗上缘与屋檐距离大于 50~70 cm，下缘与笼顶水平面距离大于 40~60 cm。

六、侧墙风机

1. 使用侧墙风机的优势

侧墙风机所代表的是“横向通风”模式，鸡舍内风速比纵向通风小得多，侧墙小窗多点进风，空气分布均匀，鸡舍前、中、后温差更小。

2. 使用侧墙风机带来的问题

当前养殖用地受到限制，一般鸡舍间距尽可能小。使用侧墙风机时，污浊的空气通过风机排出，又从下一个鸡舍的通风小窗进入，这样空气交叉污染，生物安全有较大隐患。

“横向通风”所谓鸡舍温度适宜、环境均衡，是建立在鸡舍严格密闭、保温良好基础上的。通常鸡舍一端是湿帘和操作间，另一端是山墙风机，鸡舍两端为门窗，温度变化大，易导致鸡呼吸道和消化道疾病。鸡舍内外温差大，鸡舍夜间“横向通风”，白天“过渡通风”，不同通风模式切换，鸡群应激很大，易患疾病。因此，相比采购安装侧墙风机所带来的成本浪费，“横向通风”模式带来的隐患更大。

3. 侧墙风机使用现状

目前国内规模化肉鸡场单栋养殖量多为 4 万 ~5 万羽，笼养鸡舍长度为 80~90 m，环控设计精细，灵活应用“过渡通风”模式，已然能安全度过育雏期，寒冷季节不使用侧墙风机已成常态。

有侧墙风机的老旧鸡舍

无侧墙风机的新建鸡舍

七、变频风机

电机启动时，电流常常是额定工作电流的几倍，电机频繁启动会造成电机本身损坏和电的浪费，还会造成皮带、皮带轮的快速磨损。变频器能使电机由频繁启动变成缓慢运转，看似解决了这一矛盾，实则埋下了隐患。

变频风机的优点：风机低速运行噪声更低；电机软起动，能保护轴承；风机不再频繁启停，延长了皮带和皮带轮的使用寿命；持续换气，鸡舍环境更加稳定；电机不再频繁启动，节约了电费等。

变频风机的缺点：改变频率后的风机转速变慢，排风能力减弱，不能产生足够的鸡舍内外压强差。从小窗进入的新鲜空气，冷风落点难以控制。

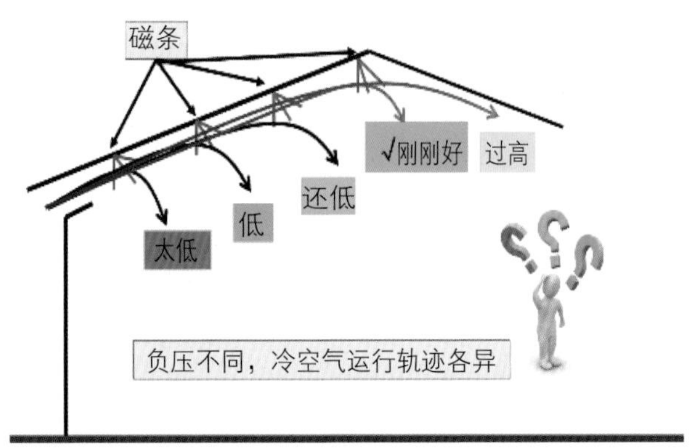

负压高低影响冷空气落点

变频比率和排风量并非成正比，与风机转速存在较为复杂的函数关系；使用变频风机，很难实现通风量的准确计算与控制。

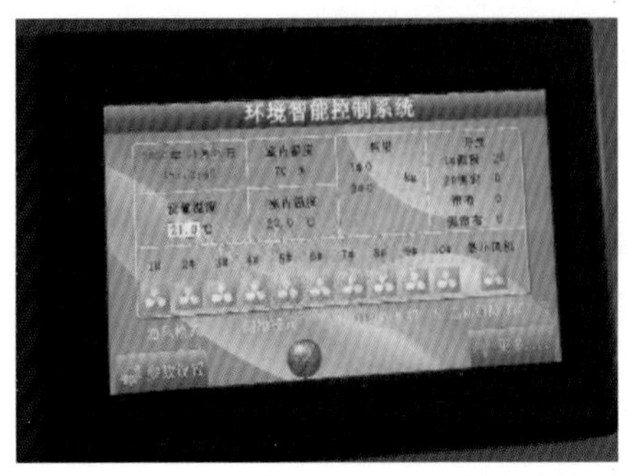

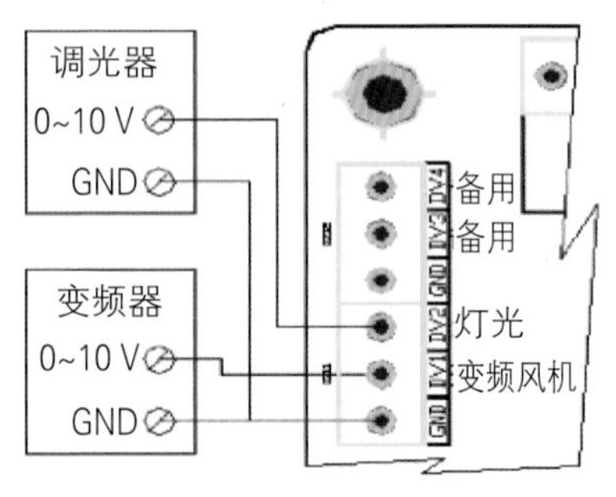

环控仪变频风机及连接说明

大部分鸡舍，墙、窗、门、粪沟、湿帘、排风扇等处都有缝隙，而当今规模化、集约化、标准化鸡舍的第一要素就是密闭，漏风的鸡舍配备变频风机，让通风变得更不易控制。

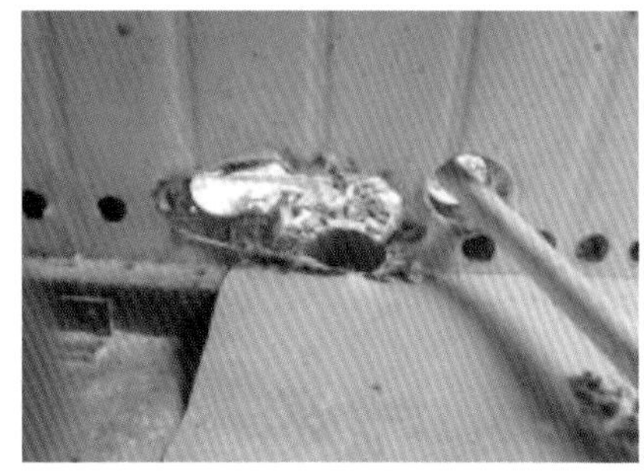

鸡舍常见的漏风点

八、鸡舍湿帘

1. 湿帘配备缓冲间的作用

湿帘配备缓冲间，有增加风速，缓冲湿气，改变风向，增加可储物间等优点。

（1）增加风速：目前鸡舍常用的湿帘纸厚度是 15 cm，过帘风速要求是 2 m/ 秒，这样的风速冷风吹不远，容易沿着边墙流动，吹不到鸡舍中间，不能给鸡群带来凉爽。如此低的风速也不利于冷风在鸡舍内分布均匀，可以通过缩小湿帘进风面积来增加风速，湿帘缓冲间配备可调节的卷帘或翻板窗来实现。

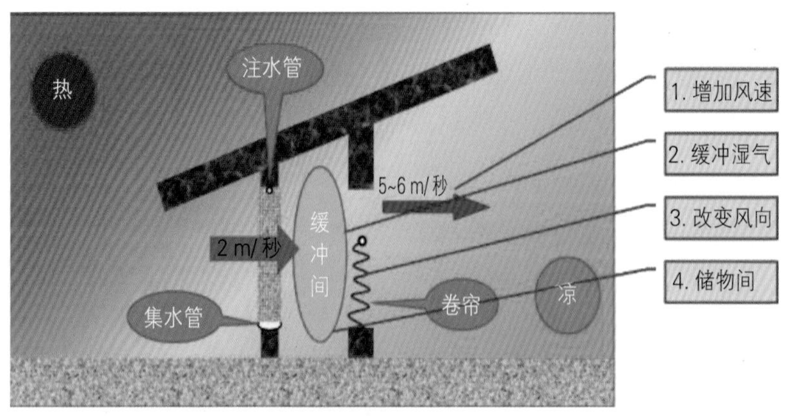

湿帘及缓冲间作用

待安装湿帘纸的湿帘间

（2）缓冲湿气：刚刚通过湿帘纸的气流，裹挟大量未被完全气化的水，如果没有缓冲间，水汽直接进入鸡舍，会大大增加鸡舍湿度，导致鸡患病。如果配备湿帘缓冲间，水汽可以在缓冲间沉降，进入鸡舍的空气将会凉爽舒适。

（3）调整风向：为防止通过湿帘的冷风直接吹向鸡群，需要安装翻板窗。通过调整翻板窗的开启角度，实现调整风向的目的。

（4）储物间功能：以山东为例，一般在夏季每批鸡用湿帘 10~15 天，一年也就使用湿帘 30 天左右，其余 300 多天都不用。在不使用湿帘期间，可以将饮水器、开食盘等临时放置在湿帘间内。

肉鸡舍湿帘后翻板窗

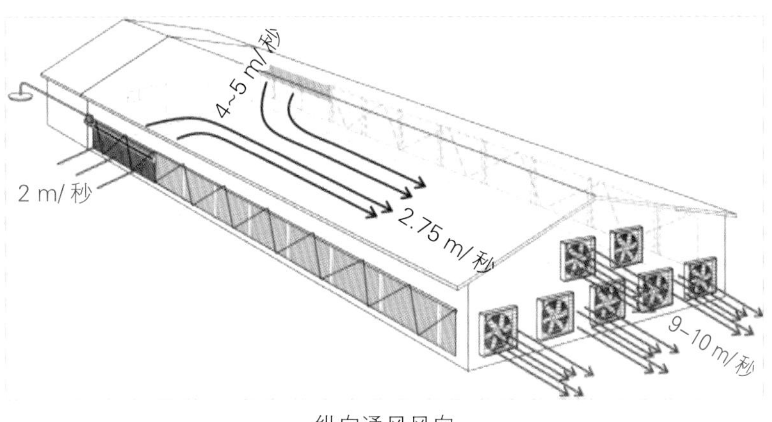

纵向通风风向

2. 湿帘管理误区

误区一：早用湿帘，少开风机，省电。

提前用湿帘，减少风机开启，比纵向通风容易更达到设定温度。这样鸡舍纵向温差大，鸡舍前端温度低，鸡舍末端反而达不到降温效果。湿帘正常使用时，通过纵向通风，冷风快速达到鸡舍尾端，减少了纵向温差。

误区二：湿帘长流水。

这种现象主要是对湿帘应用原理不清楚。湿帘主要靠湿帘纸多孔、表面积大，水蒸发能吸收大量热，实现降温作用；大量加水在湿帘纸上形成一层水膜，阻塞空气流动，会影响通风效果；同时湿冷空气在鸡舍前端聚集，前端鸡受到冷应激，易出现拉稀、呼吸道疾病等；同时空气湿度大，饲料容易

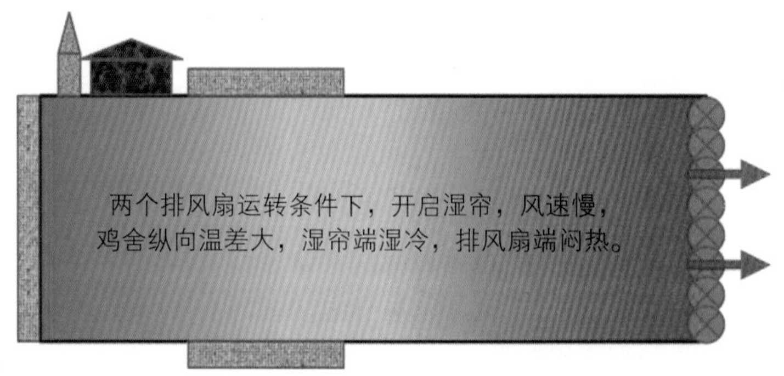

风速低，用湿帘，温差大

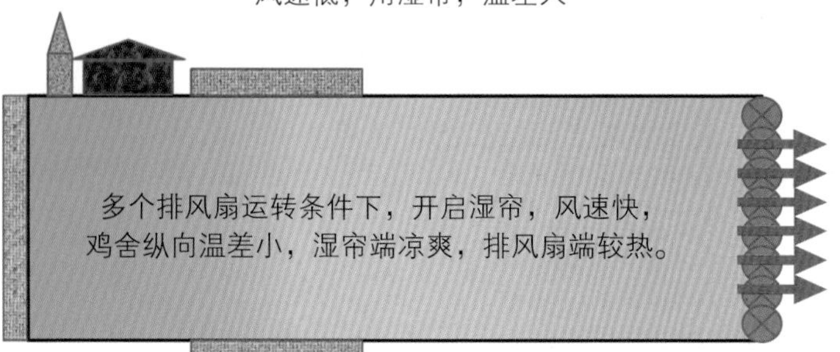

风速高，用湿帘，温差小

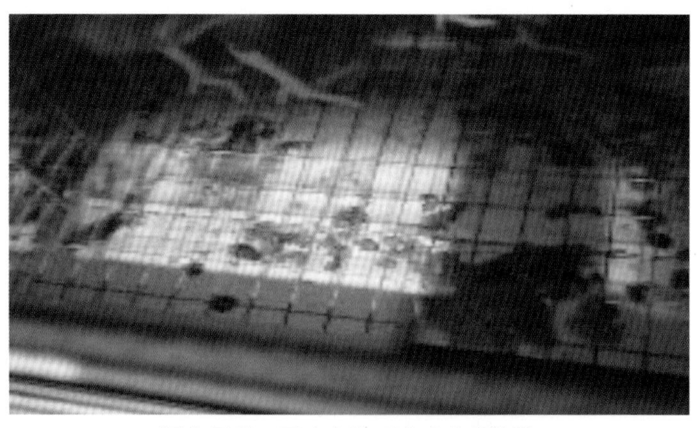

湿帘用后，因冷应激而造成鸡群拉稀

霉变，霉菌孢子随通风弥散鸡舍，造成整个鸡群霉菌感染。

误区三：湿帘用水，水质差。

湿帘用水不常更换，灰尘、杂物等进入蓄水池中，微生物和藻类会大量滋生，病原微生物容易带入鸡舍。蓄水池应该每周换水一次，添加刺激性小的消毒剂。

误区四：湿帘实际面积就是有效面积。

管理不善的湿帘蓄水池

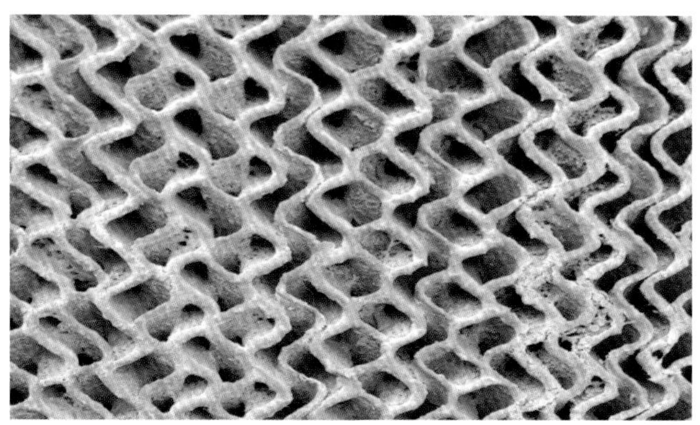

被水垢堵塞的湿帘纸

湿帘因为包边和不能全部润湿，有效湿帘面积仅为湿帘实际面积的80%~95%。另外，湿帘维护不到位，灰尘、鸡毛、柳絮、水垢附着湿帘纸上，通风效率减少10%以上，严重者减少30%以上。

3. 湿帘使用前的三项准备

（1）湿帘和风机匹配：一个直径121.92 cm（48英寸）的风机常配备6 m^2的湿帘，往往需要调整。在鸡舍夏季纵向通风时，负压常常超过20 Pa，风机通风效率会降低10%以上，质量不佳的风机通风效果差；如果鸡舍配备质量欠佳的风机，加上湿帘水膜的挡风因素，湿帘通风效率会更差。需要综合考量养殖规模、鸡舍长宽高，根据风机参数合理计算湿帘面积。鸡舍内横向截面风速达不到设计标准，需要重新计算湿帘面积。

（2）掌握湿帘使用数据：湿帘主要是依靠水蒸发起到降温作用，因此，一般需要湿帘通风时干湿循环；湿帘布水数据受到水泵功率、水管粗细和长短的影响，养殖者需要提前验证。

湿帘使用数据

润湿面积	湿帘泵工作时长（秒）	湿帘干燥时长（分钟）
20%~30%	8~12	5~8
50%	15~20	5~8
60%~70%	20~30	6~10
100%	30~60	8~15

（3）了解天气预报：一般在室外气温28℃以上要考虑使用湿帘。鸡舍内空气相对湿度为40%~80%，可以开启湿帘降温；鸡舍内空气相对湿度高于80%时，鸡热应激指数明显升高，一般不开启湿帘，而采用纵向通风，饮水中添加维生素等措施。

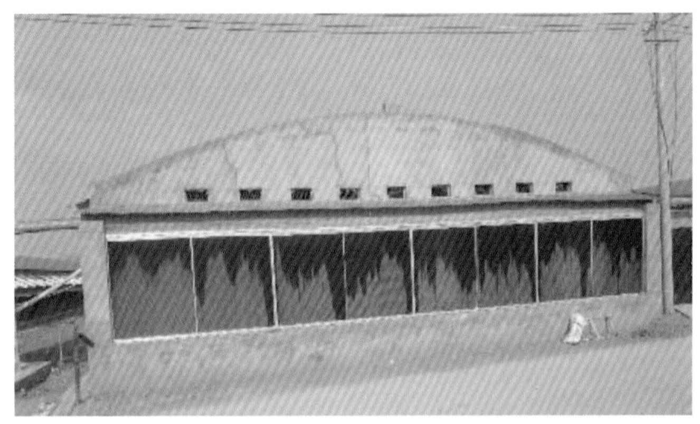

湿帘逐步润湿

湿帘使用与鸡舍环境变化

湿帘控制		鸡舍环境变化			
		润湿前		润湿后	
时间段	润湿面积	温度（℃）	湿度	温度（℃）	湿度
8~20点	25%	33	60%	30	80%
10~18点	50%	33	60%	30	80%
11~18点	75%	35	70%	31	90%
11~16点	100%	35	70%	31	90%

第七章
笼养肉鸡疾病防控

一、笼养肉鸡常见疾病

1. 禽流感（AI）

本病是目前养殖者最关注、肉鸡生产重点防控的第一重大疫病，一旦发生，经济损失巨大。

（1）流行特点：发病急，传播迅速，死亡率高。以直接接触传播为主，被患禽污染的环境、饲料和用具是重要的传染源。

（2）临床症状：HPAIV 感染可导致鸡群突然发病和死亡。鸡冠和肉垂水肿、发绀，边缘出现紫黑色坏死斑点。腿部鳞片出血严重。

鸡冠和肉垂水肿、发绀，边缘紫黑色

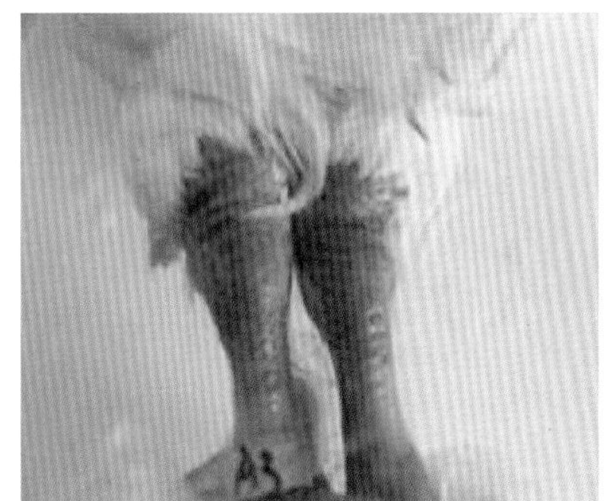

腿部鳞片出血

（3）病理变化：一般死亡鸡体况良好，气管充血、出血，腺胃乳头出血，腺胃与食道交接处有带状出血。

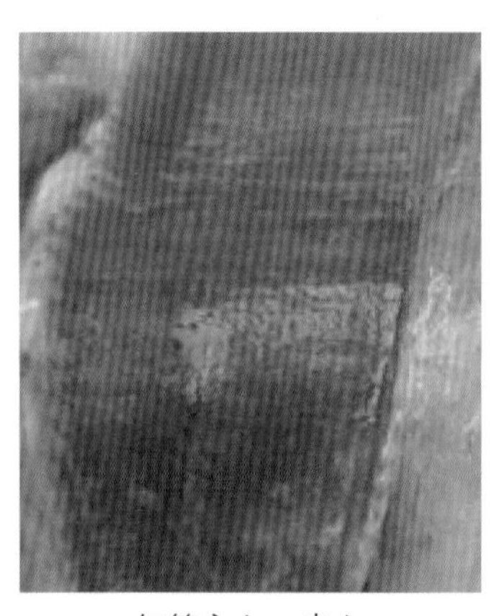

气管充血、出血

腺胃乳头出血

胰腺出血、坏死，十二指肠及小肠黏膜有片状或条状出血，盲肠扁桃体肿胀、出血，泄殖腔严重出血。肝脏肿大、出血。

胰腺、肠道出血

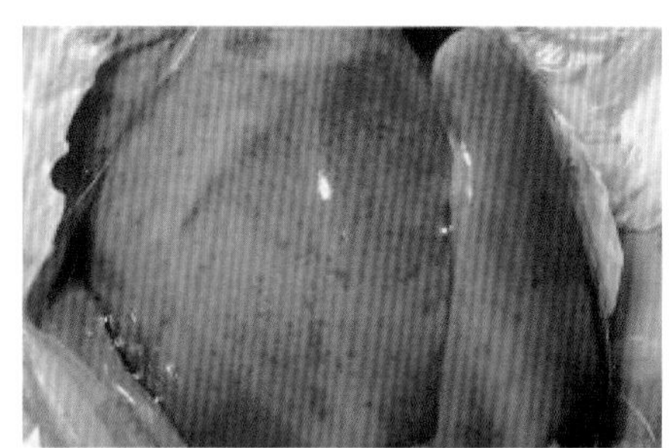

肝脏出血点

（4）防治措施：采用免疫接种，建立完善的生物安全措施，严防禽流感的传入。

一般在鸡 7 日龄接种禽流感疫苗，由于肉鸡生长速度快，免疫系统不健全，以及母源抗体干扰等因素，经 H5 亚型禽流感灭活疫苗免疫后，抗体上升不理想。因此，落实好生物安全措施，特别是空舍期严格消毒，是防控肉鸡高致病性禽流感的最有效途径。

一旦高致病性禽流感暴发，应严格采取扑杀措施，封锁疫区，严格消毒。低致病性禽流感可采取隔离、消毒与治疗相结合的治疗措施。一般采用大青叶、清瘟散、板蓝根等清热解毒、止咳平喘的中药制剂，配合增强机体抵抗力的双黄连口服液和抗生素，防止继发感染。

2. 鸡新城疫（ND）

鸡新城疫一直是肉鸡养殖中最重要的传染病之一，但近年来发病明显减少，临床多见非典型性病变。

（1）流行特点：病毒可通过呼吸道和直接接触传播，病鸡和隐性感染鸡是主要传染源。

（2）临床症状：病鸡体温升高，精神不振，卧地或呆立；食欲减退或废绝。粪便稀薄，呈黄白色或黄绿色。部分病鸡出现神经症状，表现站立不稳、扭颈、转圈、腿翅麻痹。

非典型新城疫临床表现以呼吸道症状为主，口流黏液，排黄绿色稀粪。

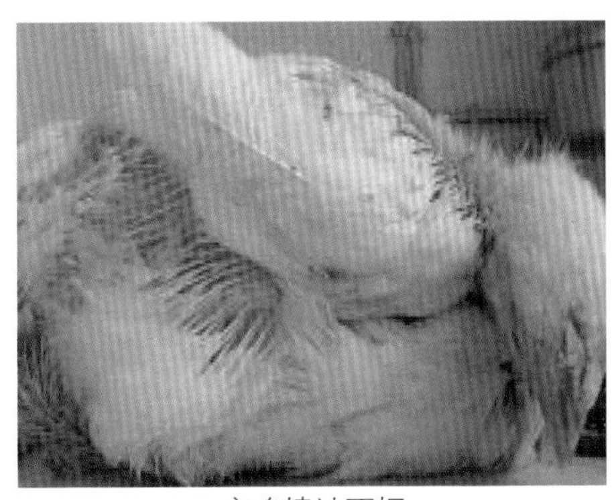

病鸡精神不振

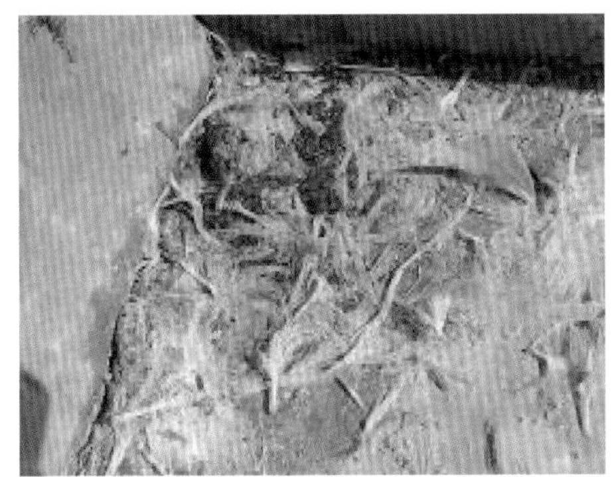

排绿色粪便

（3）病理变化：病鸡全身黏膜和浆膜出血，气管黏膜有明显的充血、出血；食道和腺胃交界处常有出血带或出血斑、出血点；腺胃黏膜水肿，乳头及乳头间有出血点；肠道黏膜密布针尖大小的出血点；肠淋巴滤泡肿胀，常突出于黏膜表面；盲肠扁桃体肿大、出血、坏死；直肠和泄殖腔黏膜充血、条状出血。

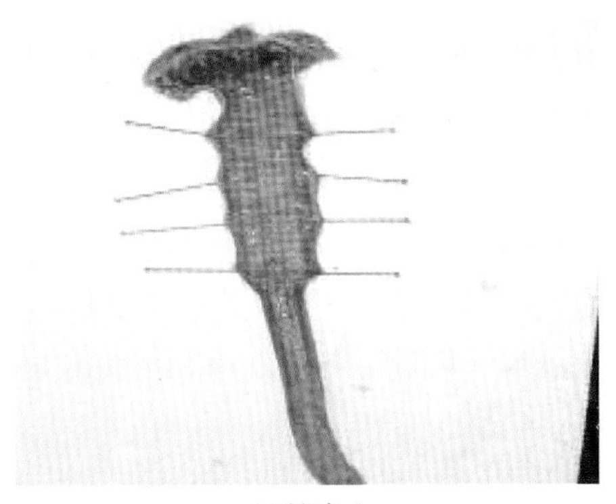

气管出血

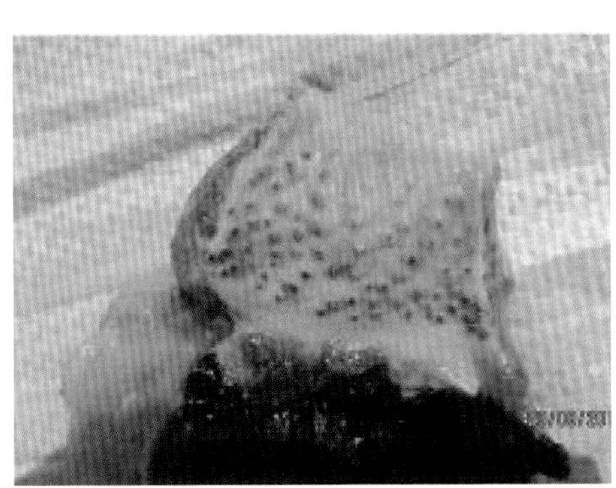

腺胃乳头出血

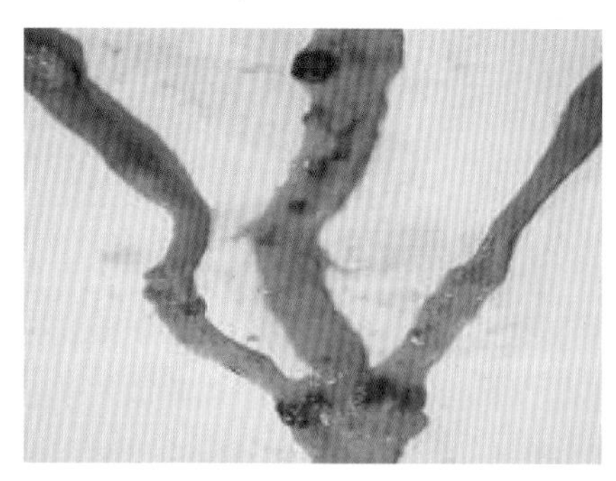

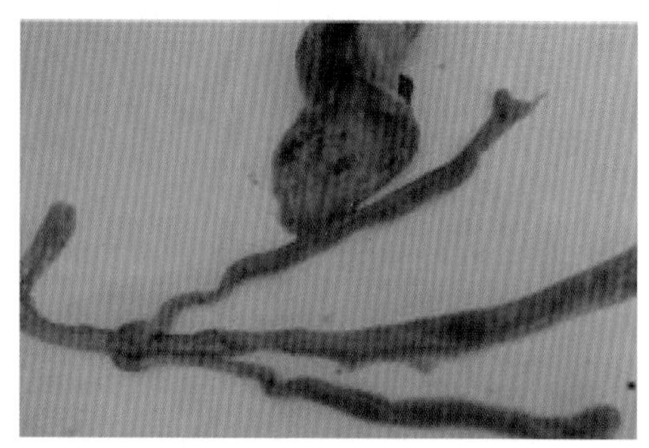

盲肠扁桃体肿大、出血、坏死

（4）防治措施：做好鸡群免疫接种和加强鸡场的隔离消毒工作，是预防本病的有效措施。一旦发生新城疫，要对病死鸡深埋，环境消毒，防止疫情扩散。同时对未发病鸡群注射 IV 系或克隆 30 疫苗，4 倍量饮水或喷雾免疫。

3. 传染性支气管炎（IB）

本病是鸡的一种急性、接触性传染病，临床症状多样。根据病变类型，可将 IB 分为呼吸道型、肾型、肠型和肌肉型等，以经典的呼吸道型和肾型最为常见。

（1）流行特点：本病只发生于鸡，直接或间接接触传染，主要经空气传播。过热、过冷、拥挤、潮湿、通风不良时，鸡易感病。2~6 周龄肉鸡最易感染肾型 IB。

（2）临床症状：肉仔鸡感染 IBV 后，主要表现为呼吸困难，有啰音或喘鸣音；感染肾型 IBV 时，病鸡排白色稀粪，脱水严重，常导致高达 30% 的死亡率。

病鸡呼吸困难

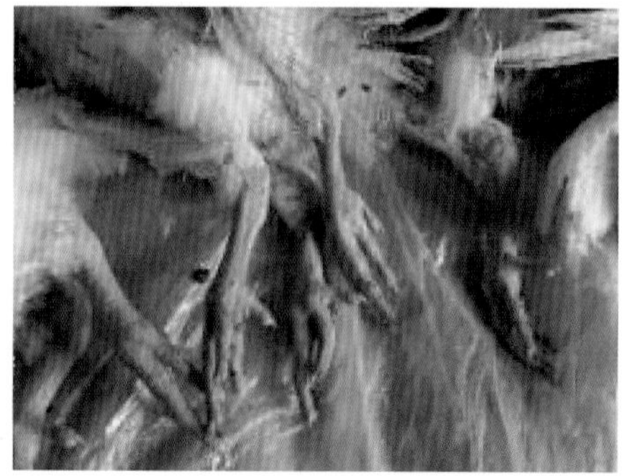

死亡鸡严重脱水，爪干瘪

（3）病理变化：呼吸性 IB 的主要病理变化为气管环黏膜充血，表面有浆液性或干酪样分泌物，有时可见气管下段有黄白色痰状栓子堵塞。肾型 IB 的病理变化主要集中在肾脏，表现为双肾肿大、苍白，因肾小管聚集尿酸盐而成花斑肾；两侧输尿管沉积尿酸盐而明显扩张增粗。

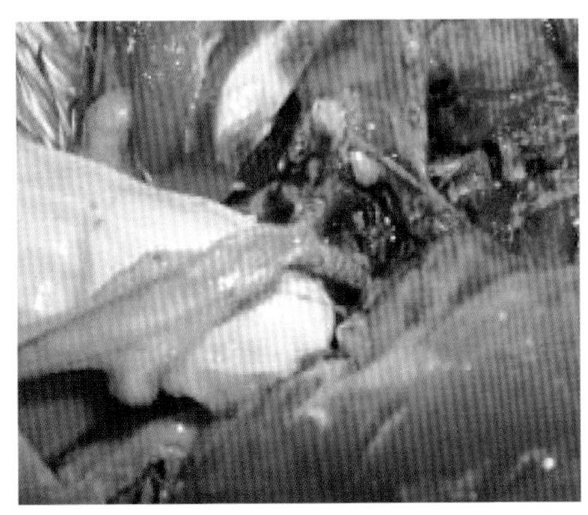

气管内有黄白色痰液或栓塞

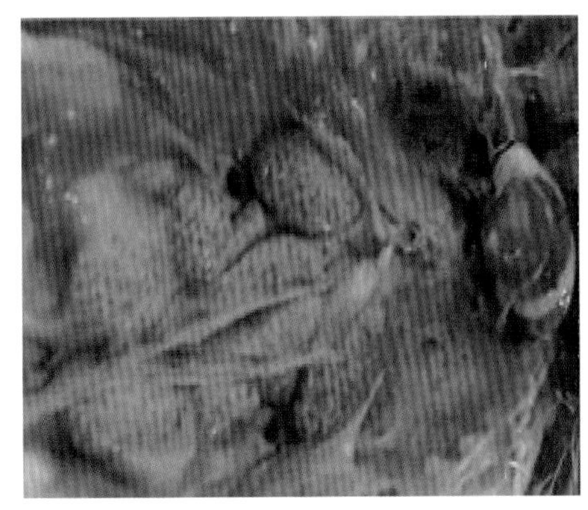

肾肿胀、尿酸盐沉积

（4）防治措施：加强饲养管理，定期消毒，舍温忌忽冷忽热，降温要循序渐进，避免冷应激。做好鸡 1 日龄免疫接种。

对于发病鸡群实行消毒、隔离，病死鸡及时无害化处理。对肾型 IB，给予复合无机盐，或含有柠檬酸盐和碳酸氢盐的复方药物治疗，可明显降低死亡率。

4. 传染性法氏囊病（IBD）

本病是由法氏囊病毒（IBDV）引起的一种急性、接触性、免疫抑制性传染病。

（1）流行特点：以 3~6 周龄鸡最易感，6~10 月是高发季节，病鸡是主要的传染源。通过接触 IBDV 污染物，经消化道传播。

（2）临床症状：病鸡精神不振，翅膀下垂，羽毛蓬乱，怕冷，在热源处扎堆，采食率下降。病鸡排黄白色水样粪便，肛门周围有粪便污染。发病后 3~4 天为死亡高峰，病程较短，1 周后病死鸡明显减少。

（3）病理变化：病死鸡脱水，胸肌和腿肌有条状或斑状出血。肌胃与腺胃交界处有溃疡和出血斑，肠黏膜出血。肾肿大、苍白。

输尿管扩胀，充满白色尿酸盐。法氏囊充血、肿大，比正常大 2 ~ 3 倍，外被黄色透明的胶冻物。内褶肿胀、出血，内有炎性分泌物。

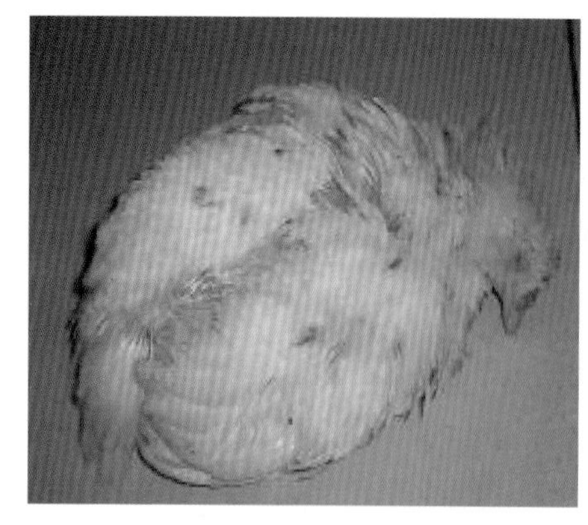

病鸡精神沉郁，羽毛蓬松

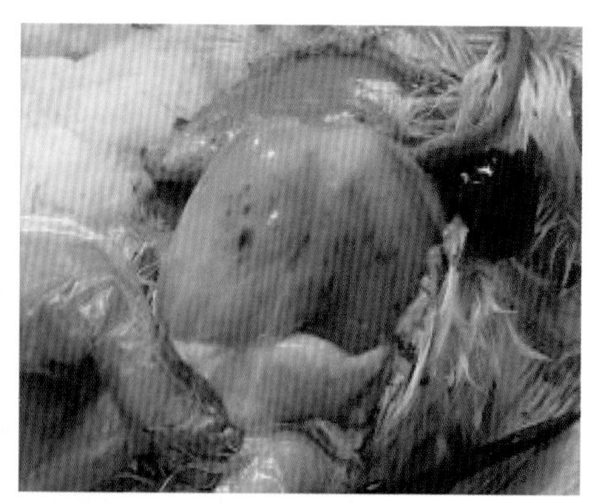

腿部肌肉出血

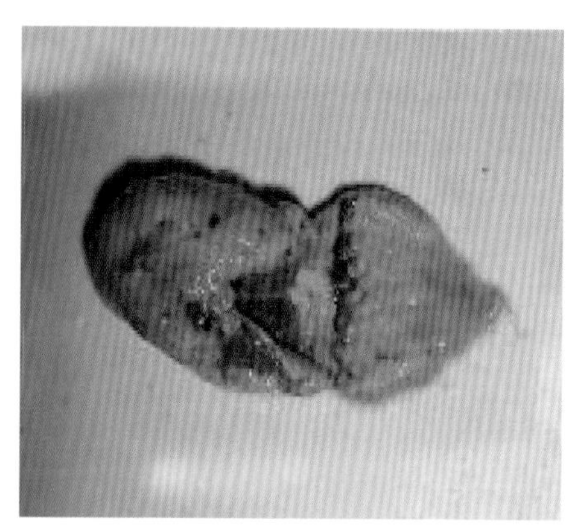

肌胃、腺胃交界处出血

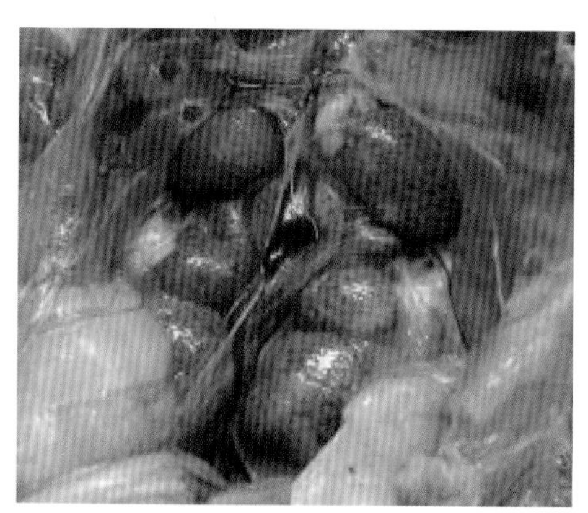

肾脏肿大，尿酸盐沉积

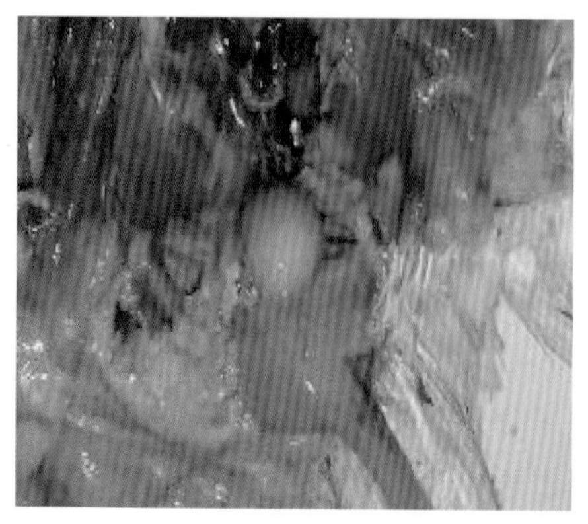

法氏囊水肿、出血

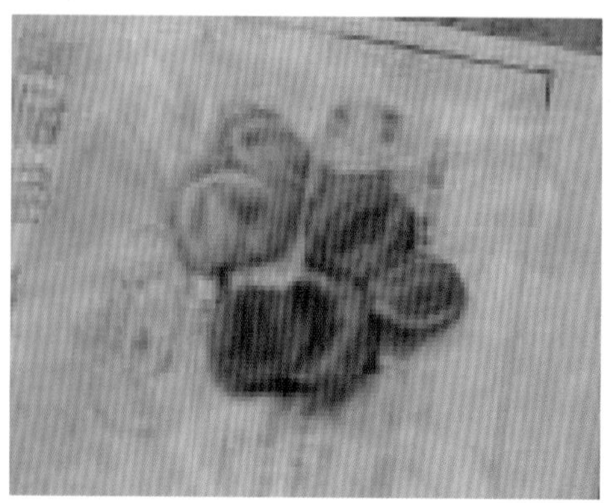

内褶肿胀、出血

（4）防治措施：在鸡 13~15 日龄用中等偏强的疫苗株饮水免疫一次，或 1 日龄注射囊胚宝或威力克。

发病鸡舍严格封锁，对环境、工具进行消毒。发病中早期注射高免卵黄抗体，有很好的治疗效果，但在规模化鸡场较难操作。

5. 大肠杆菌病

本病是由大肠杆菌埃希菌属某些致病性血清型菌株引起的综合征，包括脐炎、气囊炎、眼炎、肝周炎、心包炎和腹膜炎等，是目前危害肉鸡的主要细菌性传染病。

（1）流行特点：多发生于雏鸡，可垂直传播和水平传播。饲养管理不当和各种应激因素，可促发本病。

（2）临床症状与病理变化：

①脐炎：病雏虚弱，腹部膨大，水样腹泻，脐孔及其周围皮肤发红、水肿，脐孔闭合不全而呈蓝黑色，有刺激性恶臭味。

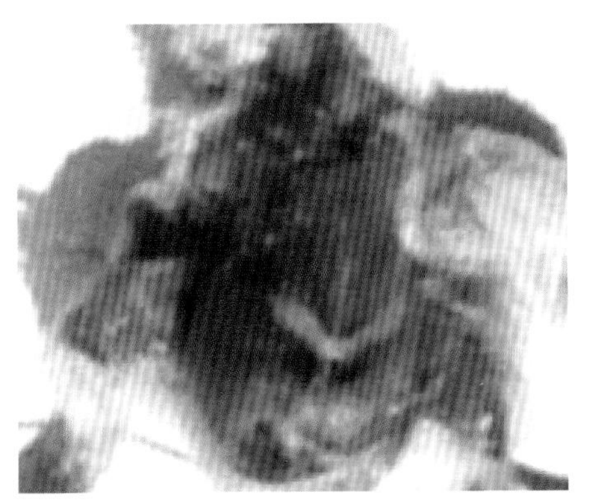

脐炎

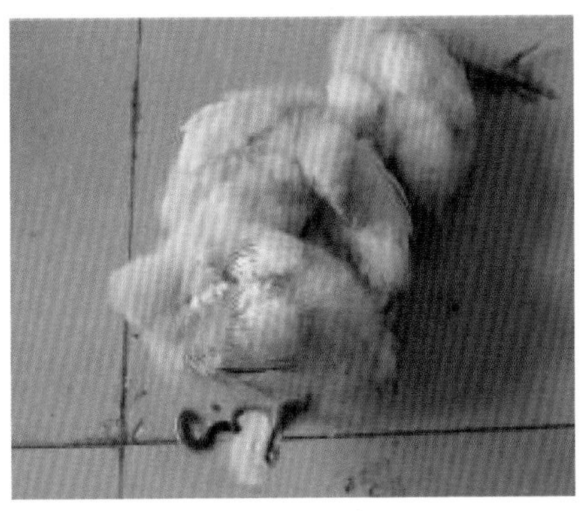

排白色稀粪便

②眼球炎：本型多发于孵化室，鸡舍内空气污浊易引发，病鸡眼炎多为一侧性。病鸡初期减食或废食，羞明、流泪、红眼，随后眼睑肿胀突起。

眼炎

③气囊炎：一般表现有明显的呼吸音，咳嗽和呼吸困难并发出异常音。病变为胸腹的气囊壁增厚不透明，灰黄色，囊腔内有纤维性或干酪样渗出物。

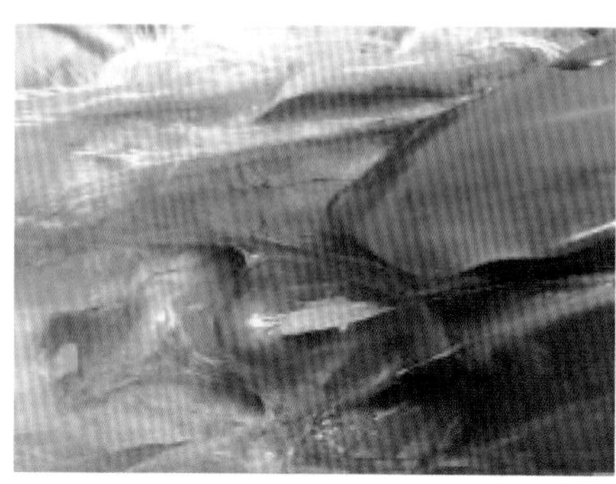

气囊炎

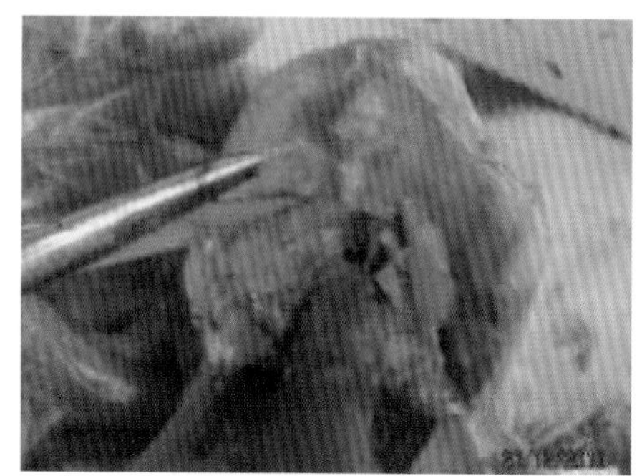

心包炎

④心包炎：大肠杆菌败血症易继发心包炎，常伴发心肌炎。心包膜肥厚、混浊，心外膜水肿，心包囊内充满淡黄色纤维素性渗出物，严重的心包膜与心肌粘连。

⑤肝周炎：肝脏肿大，附着一层黄白色的纤维蛋白。肝脏变性，质地变硬，表面有许多大小不一的坏死点。严重者肝脏渗出的纤维蛋白与胸壁、心脏和胃肠道粘连，导致肉鸡腹水症。

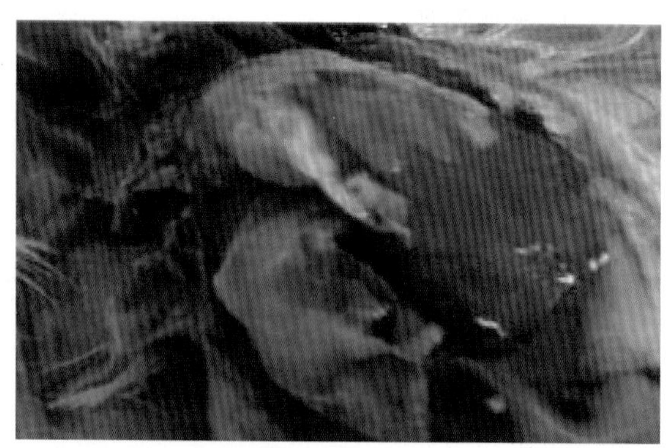

肝脏肿大，附着纤维蛋白

（3）防治措施：做好环境消毒和饲养管理工作。由于大肠杆菌很容易产生耐药性，最好先做药敏试验，然后再确定治疗用药，常用硫酸黏菌素、大观霉素、新霉素、安普霉素和头孢类等。

6. 鸡慢性呼吸道病（MG）

本病是由鸡毒支原体引起的一种慢性接触性呼吸道传染病。病程长，病理变化发展慢，临床表现为呼吸啰音、咳嗽、流鼻液及气囊炎等，是集约化肉鸡养殖的常见病。

（1）流行特点：以 4 ~ 6 周龄鸡最易感，可水平传播和垂直传播。一年四季都可发生，在寒冷季节多发病。

（2）临床症状：病鸡食欲降低，流稀薄或黏稠鼻液，咳嗽、打喷嚏，流泪，眼睑肿胀，呼吸困难和啰音。随着病情发展，病鸡可出现一侧或双侧眼睛失明。

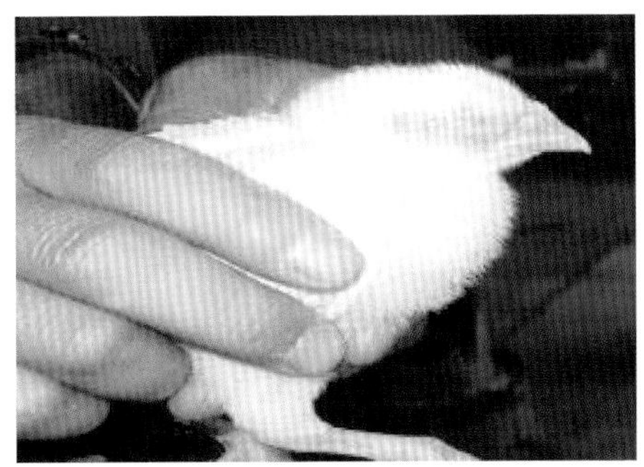

病雏鸡精神沉郁

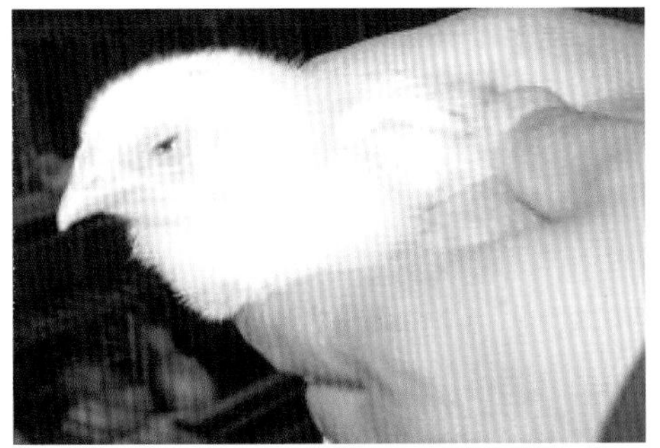

病雏鸡眼睛流泪

（3）病理变化：病死鸡消瘦，鼻腔、气管、支气管和气囊炎症，气囊壁增厚、混浊，有干酪样渗出物或增生的结节状病灶。严重病例可见纤维素性肝周炎和心包炎。

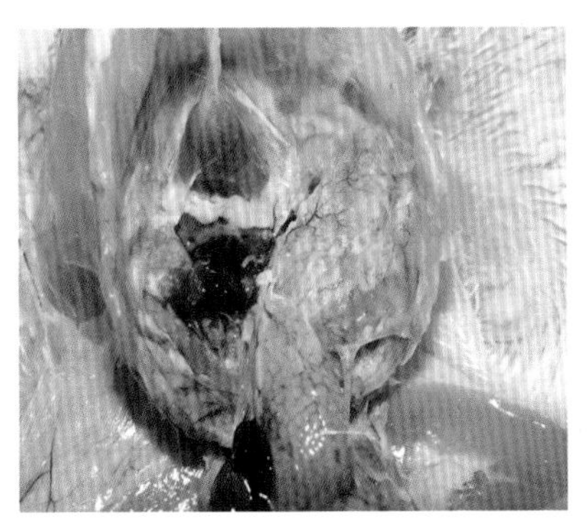

气囊增厚，有黄色干酪样渗出物

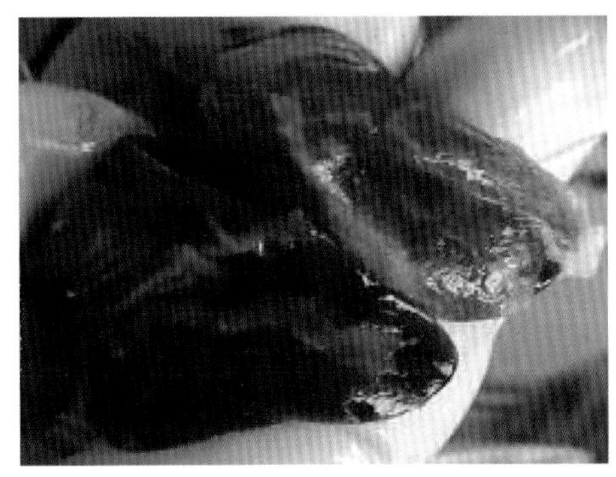

肝周炎

（4）防治措施：淘汰阳性种禽，做好种蛋消毒，可有效阻止垂直传播。加强饲养管理，保证日粮营养均衡；养殖密度适当，通风良好，防止阴湿受冷。用泰乐菌素、泰妙菌素、林可霉素、环丙沙星、恩诺沙星、头孢类药物治疗本病，都有一定疗效。

7. 腿病

近年来肉鸡腿病发生日趋严重，已成为一个防控难题。在正常情况下，骨骼的生长速度与机体的生长速度保持一致，处于平衡状态。但是，由于育种技术的发展，饲养水平的提高和环境控制的改善，使肉用仔鸡的早期生长速度大幅度提高，这就打破了机体生长发育的平衡性。

肉鸡的腿部疾病与生长速度密切相关。有试验证明，早期实行适当的限制饲养，可使腿部疾病大为减少，但这在实际生产上不可能实行，因为肉鸡饲养的技术目标就是加速生长。除遗传因素外，肉鸡 腿病还有多种原因引起。感染性腿病，如化脓性关节炎、鸡脑脊髓炎、病毒性关节炎等；营养性腿病，如脱腱症、软骨症、维生素 B_2 缺乏症等；管理性腿病，如风湿性和外伤性等。

（1）病毒性关节炎：禽病毒性关节炎（AVA）是由呼肠孤病毒引起的，又称传染性腱鞘炎、呼肠孤病毒性肠炎等。该病淘汰率高，危害大。

①病原：禽呼肠孤病毒可在 SPF 鸡的鸡胚卵黄囊、绒毛尿囊膜、鸡胚原代细胞（肝、肾、肺等）、Vero 等细胞内增殖。禽呼肠孤病毒不能凝集鸡、火鸡、鸭、鹅、人的红细胞（除两例之外）。病毒对外界理化因子具有较强的抵抗力。对氯仿、乙醚、DNA 代谢抑制剂等有抵抗力；病毒在常温条件下，能耐 3% 甲醛、5% 来苏儿和 1% 石炭酸 1 小时，紫外线能杀死病毒。

②流行特点：发病与鸡的日龄有着密切关系，日龄越小，易感性愈高。1 日龄雏鸡最易感，10 周龄明显降低。该病可水平传播和垂直传播。

③临床症状：发病初期鸡有轻微的呼吸道症状，不愿走动，随后出现跛行。慢性发病鸡群主要表现为腱鞘炎、关节肿胀。

④病理变化：主要病变在胫跖关节、趾关节、趾屈肌腱及跖伸肌腱，关节囊及腱鞘水肿、充血或出血，关节腔内含有少量较透明、淡黄色或带血色的渗出物。严重病例可见肌腱断裂、出血和坏死等。

（2）滑液囊支原体病：鸡滑液囊支原体病（MS）感染后，引起呼吸道病和滑膜炎。

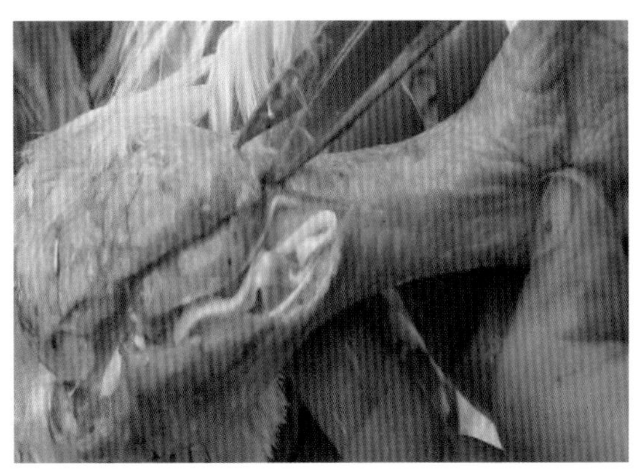

肌腱断裂

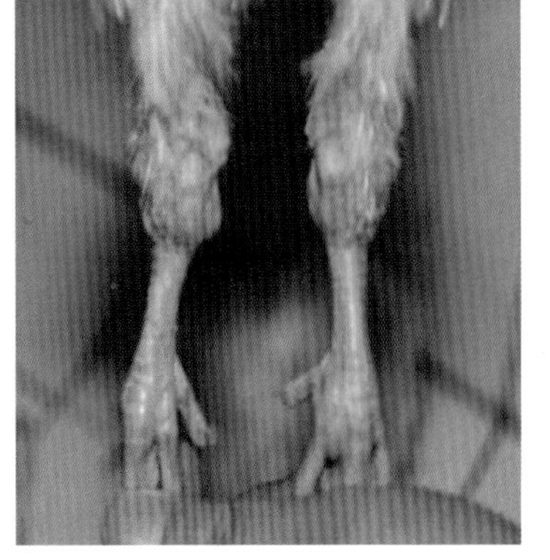

跗、趾关节肿大

①病原：滑液囊支原体只有一个血清型，具有一般支原体特征。在体外培养时，培养基内必须加入烟酰胺腺嘌呤二核苷酸（辅酶Ⅰ），可以用烟酰胺代替，以猪血清为好。滑液囊支原体不耐热，在室温条件下，羽毛上的支原体至多可存活 3 天。

②流行特点：主要侵害关节的滑液囊膜和腱鞘，引起渗出性滑膜炎、腱鞘滑膜炎及黏液囊炎。

③病理变化：病鸡跗关节、趾关节肿大，瘸腿，导致死淘率增加。种鸡感染表现为产蛋率下降，孵化率降低，并可垂直传播给后代仔鸡。仔鸡发病后，生长缓慢，饲料报酬低，胴体等级下降。

（3）葡萄球菌病：鸡葡萄球菌病是由金黄色葡萄球菌或其他葡萄球菌引起一种急性或慢性、接触性、多型性传染病。

①流行特点：多发于 20 日龄以上的笼养和网养肉鸡。病因主要是棚舍内饲养环境闷热、通风不良、卫生条件差、湿度过大、温度高，使鸡群食料量减少，抵抗力降低。笼具或棚架过硬，特别是鸡翅尖和腿趾等部位有划伤。

②临床症状和病理变化：最常见的感染部位是翅、腱鞘和腿部关节，还可发生于皮肤、气囊、卵黄囊、心脏、脊髓、眼睑等部位，并可引起肝脏和肺的肉芽肿。临床表现为脚垫、脚趾及周围组织形成球形肿大，关节肿大，周围有囊泡。胸部皮下囊状水肿。感染化脓后，可见皮肤发紫、溃烂。

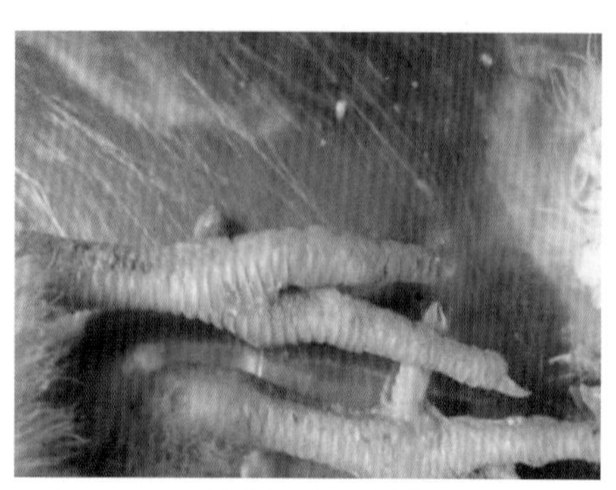
关节红肿、化脓

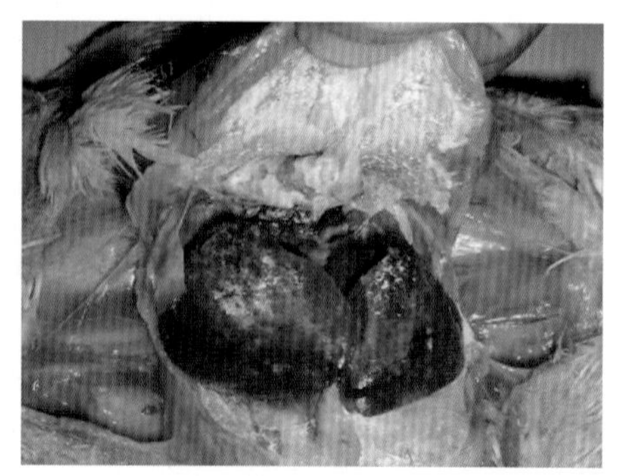
肝脏表面尿酸盐沉积

（4）关节型痛风：痛风是尿酸盐沉积于内脏器官或关节腔而形成的一种代谢性疾病。

①病因：饲料中核蛋白与嘌呤碱原料过多，饲料中钙过剩或草酸过高，维生素 A 缺乏，饮水不足，中毒性因素（如磺胺类与氨基糖苷类抗菌药物中毒，霉菌毒素中毒），传染病因素（如传染性支气管炎、传染性法氏囊炎、传染性肾炎、沙门菌病、大肠杆菌病、球虫病等常可诱发痛风），以及环境因素（如鸡舍环境恶劣、氨气浓度长期过高、潮湿、运动不足）等。

②流行特点：该病以肉仔鸡和笼养鸡多发。

③病理变化：腿部关节和趾爪关节肿大，行动迟缓，跛行严重，站立困难，甚至瘫痪。剖检可见关节内充满白色黏稠物质，在关节软骨表面、周围结缔组织、滑膜、腱鞘和韧带上均可见到灰白色尿酸粉末或颗粒沉积，周围组织炎性水肿；慢性化后周围结缔组织增生、瘢痕化，形成致密结节，使关节和趾爪僵硬变形，个别关节周围组织可发生溃疡和坏死。

④防治措施：防治肉鸡腿部疾病，首先在环境、管理方面找原因，其次查有无疾病；发病率特别高，又无其他明确原因，要考虑饲料的问题。就目前饲养水平，集约化肉鸡养殖腿病发生率在 1% 左右是很常见的，笼养肉鸡可能会高些。

8. 腹水症

肉鸡腹水症最早从 2 周龄开始发生，4~5 周龄达到高峰。冬春季多发，一般发病率为 3% ~5%。病鸡腹部膨大，头面部发紫，呼吸困难，逐渐衰竭死亡。剖检病死鸡，可见腹部充满淡黄色液体，心包积液，右心扩张，肺淤血、水肿，肝及胃肠萎缩。

腹水的直接原因与缺氧密切相关。有研究发现，腹水症发生率与海拔的升高、饲料含硒量降低呈直线关系，与鸡体内血红蛋白浓度高低成正比。在缺氧条件下，红血球增多，血红蛋白浓度升高，血液变稠，回流缓慢，心脏工作压力加大。血液内压增加，使血浆渗出液增加，并积蓄在腹腔，形成腹水症。

硒和维生素 E 能降解代谢过程中产生的有毒物质，防止过氧化物对细胞膜的破坏，保护细胞膜的完整功能，维持细胞膜良好的通透性，降低腹水症发生率。

肉鸡饲料含硒量不应低于 0.2 mg/kg，维生素 E 也需适量增加。当早期发现肉鸡有轻度腹水症时，可在饲料中补加 0.05% 维生素 C。

改善通风条件，特别是在冬春季育雏密度大的情况下，注意保暖的同时，要最大限度通风。

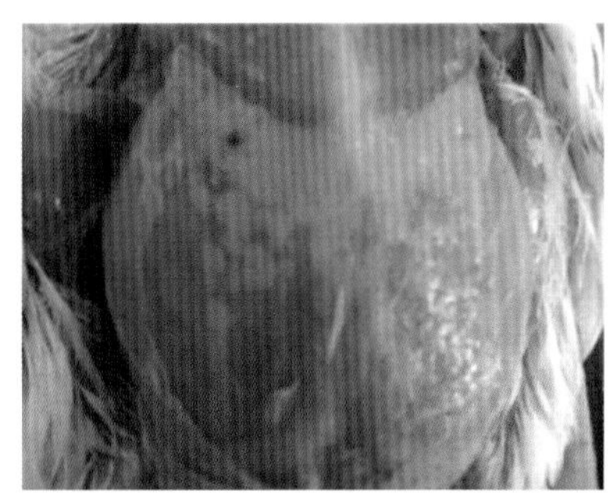
肉鸡腹水症

二、免疫程序

免疫程序也称免疫计划，是根据疫情、肉鸡状况选用适当的疫苗接种，使肉鸡获得稳定的免疫力。免疫程序不是一成不变的，要根据实际生产做相应调整。

1. 免疫程序制定的原则

了解当地家禽发病情况，是否有传染性疫病发生，该传染病是否给生产带来严重损失。

疫病监测信息，来自政府疫控中心发布的疫病监测报告，养殖集团动保检测部门对养殖场疫病的持续监测报告，大型动物疫苗企业的疫病监测报告。

“抓大放小”，免疫程序中重点防控近期对生产危害较大的疾病。

“简约简单”，以疫苗起到保护作用为目的，不需要盲目增加疫苗次数，加大疫苗剂量，增加疫苗毒株。

中国动物疫病控制中心每月对不同省份的重点疫病进行病原学及血清学监测，对当地免疫程序的制定起到一定参考作用。

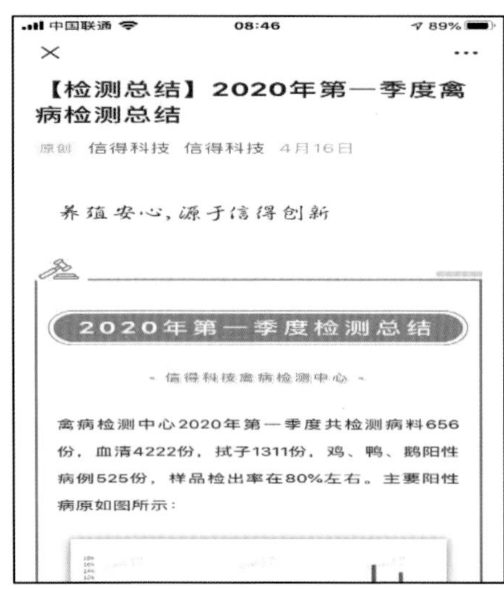

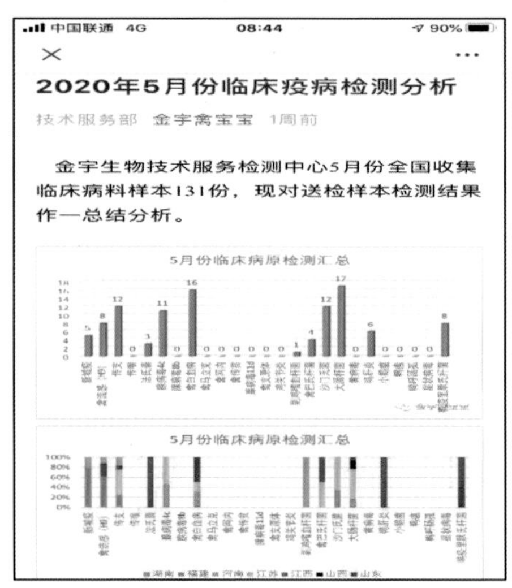

各生物制品厂及检测机构定期会发布疫病检测报告，按照区域、时间、疫病种类及感染对象进行分析，对制定免疫程序有一定的参考作用。

2. 选择适合的免疫产品

免疫产品为正规生产厂家生产且有正规批号；疫苗产品中所包含的菌毒株与当前流行菌毒株相符，同时要保证安全和副反应小；根据疫苗特点及发病日龄段，要最大可能选择优势疫苗。

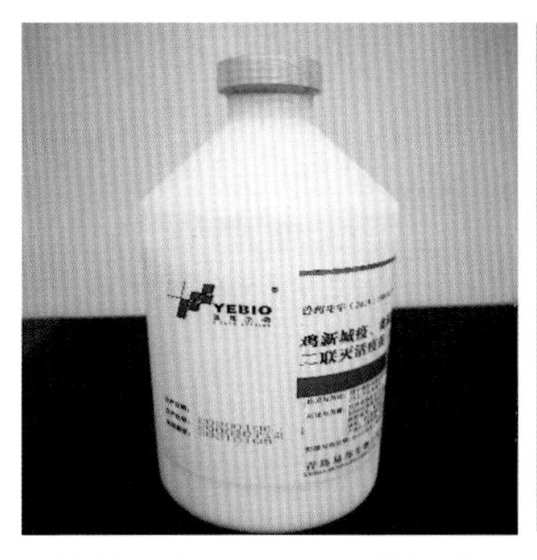

国家兽药基础数据库

Home | 查看国产兽用生物制品批签发数据

查询数据
- 兽药生产企业数据
- 兽药产品批准文号数据
- 进口兽用生物制品批签发数据
- 国产兽用生物制品批签发数据
- 化药监督抽检结果数据
- 生药监督抽检结果数据
- 临床试验审批数据
- 国内新兽药注册数据
- 进口兽药注册数据
- 兽药标签说明书数据
  - 国内兽药说明书数据

生产企业：青岛易邦生物工程有限公司

产品：鸡新城疫、禽流感（H9亚型）二联灭活疫苗（La Sota株+F株）

批准文号：兽药生字（2015）150132179

批号：200030712

失效日期：2021.01.05

签发结果：签发

签发日期：2020.02.12

合格的疫苗需要在中国兽医药品监察所备案，通过国家兽药基础数据库能够查到该疫苗产品的批签发信息。因此，在购买疫苗时需要验证疫苗信息与批签发信息是否一致。

3. 笼养肉鸡适合的免疫程序

笼养商品肉鸡的免疫主要安排在 1~7 日龄。

免疫日龄	免疫产品	免疫方式	备注
1 日龄	新城疫、传染性法氏囊病、禽流感活疫苗 + 传染性支气管炎疫苗	注射 + 喷雾	根据当地流行毒株选择传染性支气管炎毒株，如 QX 株、LDT3 株等
	新城疫、传染性法氏囊病、禽流感三联灭活疫苗 + 传染性支气管炎疫苗	注射 + 喷雾	
3~4 日龄	喉痘疫苗	注射或刺种	不发生该病的区域或者养殖场不免疫
7 日龄	新城疫、传染性支气管炎二联活疫苗 + 新城疫、禽流感二联灭活疫苗	点眼 + 注射	根据当地流行毒株选择传染性支气管炎毒株，如 QX 株、LDT3 株等。根据当地流行毒株选择腺病毒毒株，如 C4 株、D11 株、8a 株等
	新城疫、传染性支气管炎二联活疫苗 + 新城疫、禽流感、腺病毒病三联灭活疫苗	点眼 + 注射	
21 日龄	新城疫活疫苗	饮水	鸡群呼吸道正常，可以不免疫

4. 免疫操作及注意事项

商品肉鸡常采用喷雾免疫、皮下注射免疫、滴鼻点眼免疫、刺种免疫与饮水免疫。喷雾免疫是指将稀释后的液体疫苗，经专业喷雾设备处理成雾滴颗粒，并均匀悬浮于空气中。鸡群吸入呼吸道，刺激机体免疫并产生抗体。

喷雾免疫适用于孵化场1日龄雏鸡。目前采用鸡颈部皮下注射，自头部向鸡颈部2/3处倾斜刺入。滴鼻点眼为常见弱毒疫苗的免疫方法，保证眼睛与鼻孔各滴一滴（约0.05 ml），以便疫苗从眼睛进入气管、肺脏。饮水免疫要提前控水2~3小时，这样才能保证疫苗饮水在2小时内饮完。

5. 免疫注意事项

1日龄雏鸡免疫采用机器进行皮下注射，避免针头过长刺穿皮肤，针头过细时注射费力，针头过粗时易造成疫苗流出。

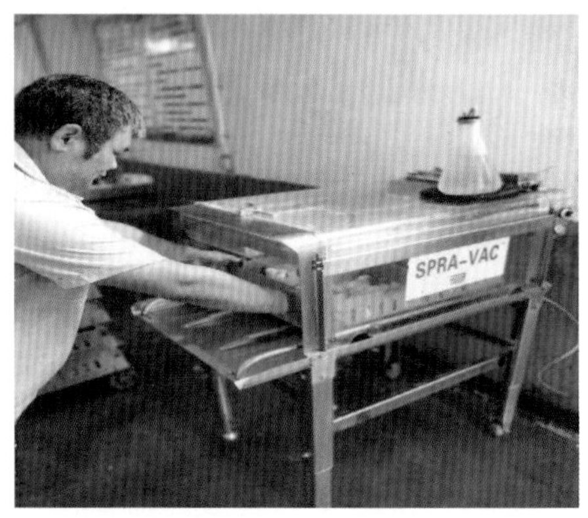

1日龄孵化场喷雾免疫，要确保免疫时间在2~3秒，同时雾滴直径为100~150 μm，雾滴直径小于50 μm容易引起呼吸道反应。

免疫前疫苗要进行预温，达到室温即可，防止温度过低影响疫苗吸收。
注射不要太靠近鸡头部，容易引起面部肿胀。
注射免疫应激大，免疫前要使用抗应激药物。

免疫时要控制好剂量，一只鸡免疫1羽份，则稀释液需要50 ml。
确保鸡只免疫到位，免疫确实的鸡只会有吞咽动作。
免疫后的鸡只要轻放，防止疫苗被甩出来。

三、免疫检测

通过免疫抗体监测验证疫苗的免疫效果，看能否对鸡群产生良好的保护，也可发现鸡群中是否存在野毒感染。

1. 检测项目

目前在商品肉鸡检测的项目为新城疫、H9 亚型低致病性禽流感、传染性支气管炎及传染性法氏囊炎，检测日龄为 28 日龄至出栏。

2. 获得肉鸡血清的过程

（1）血液样品的采集方法及技术要求：对成鸡采血，在翅下静脉处消毒。手持注射器，从无血管处向翅静脉刺入，见有血回流，即把活塞回抽，使血液流入注射器。心脏采血：主要针对雏鸡采血，左手抓鸡，右手持注射器，平行颈椎从胸腔前口插入，回抽见有回血时，即把针头向外拉，使血液流入注射器。

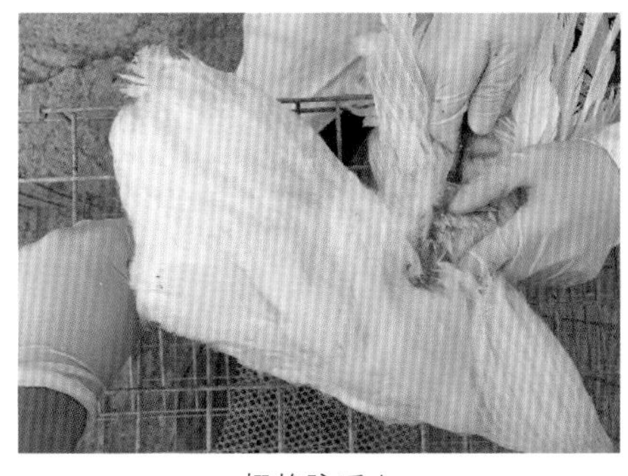

翅静脉采血

心脏采血

（2）采血量：按照 0.5% 采血量采样，每次每栋舍采血不少于 30 份。

（3）血清样品制备：即不加抗凝剂的血液，待血液凝固后析出血清。

（4）分离方法：血液在室温条件下倾斜放置 2~4 小时（勿暴晒），待血液凝固后自然析出血清，或用无菌剥离针剥离血凝块，置于 37℃温箱内 1 小时。待大部分血清析出后取出血清，或者经 1 500~2 000 r/ 分钟离心 5 分钟分离血清。将血清移到另外 1.5 ml 离心管中，盖紧盖子，封口标记，4℃冷藏。需要长期保存时，将血清置于 –20℃冷冻。

（5）血清样品运输：所采集的样品以最快、最直接的途径送往实验室，低温运输，控制在24小时内送达。

采集血样时应从多处抓鸡，采集病弱鸡时应单独表明，以便于结果分析

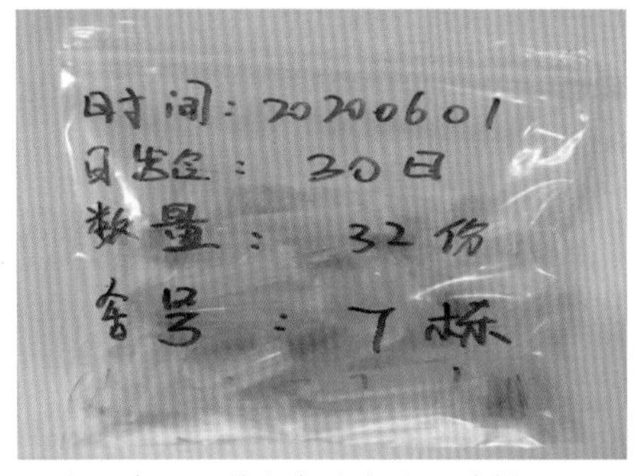

正确血清一：送往实验室的血清样品，要标注清楚采样时间、鸡群日龄、采样位置及采样数量

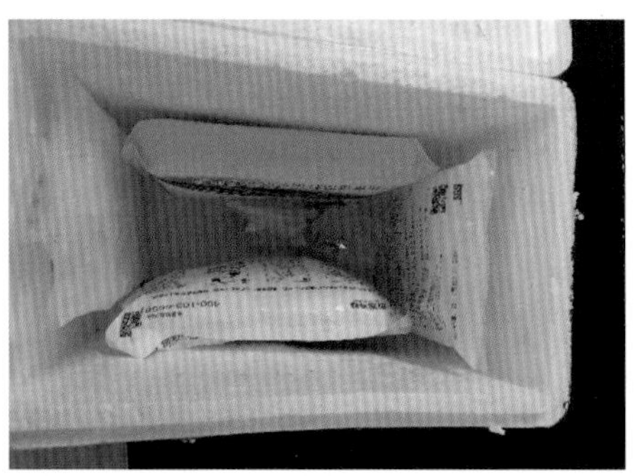

正确血清二：送往实验室的血清样品，保证密封、低温、避光

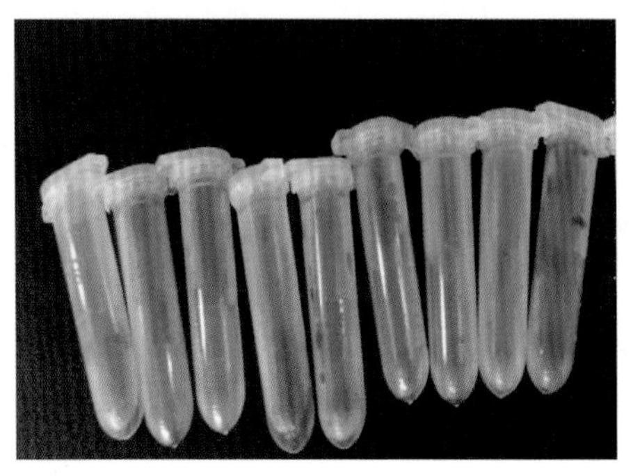

问题血清一：出现溶血、血清量少

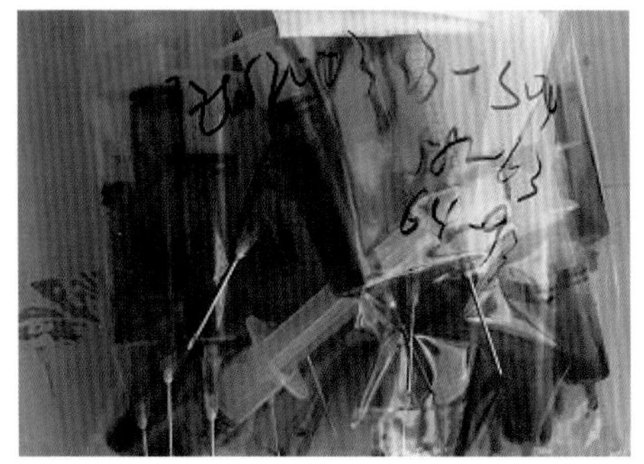

问题血清二：未分离血清、标记不清、注射器针头裸露

3. 实验室检测

新城疫与H亚型禽流感抗体的检测方法：采用HI血凝抑制试验，目前抗体标准为HI抗体$\geq 4\ \log^2$，离散度$\leq 30\%$。传染性支气管炎与法氏囊

抗体的检测方法：采用 ELISA 试验，抗体滴度 >400 判定为阳性，离散度 ≤ 30%。

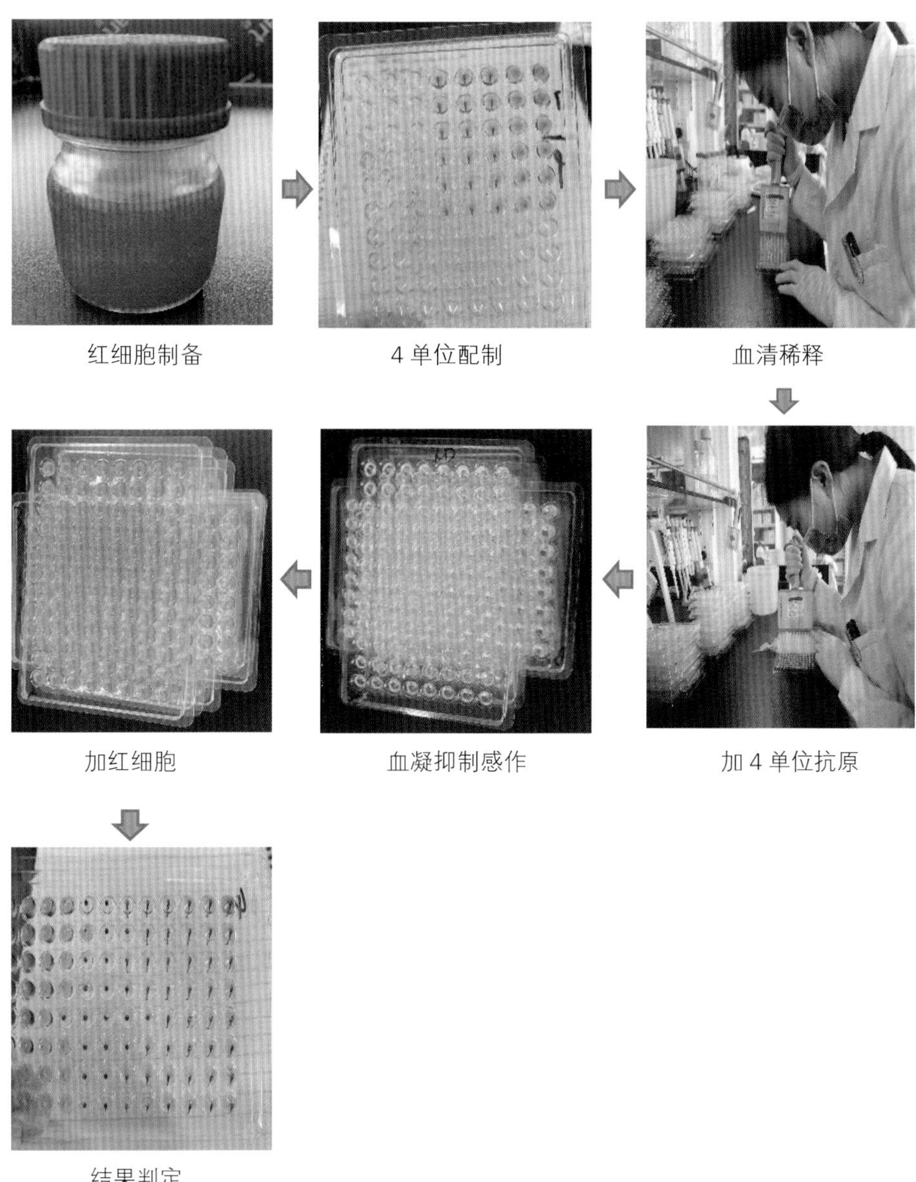

红细胞制备　4 单位配制　血清稀释　加 4 单位抗原　血凝抑制感作　加红细胞　结果判定

HI 检测流程图

注意事项：红细胞来源必须用同一种，红细胞悬液的浓度要一致，无菌抗凝血在 4℃贮存不能超过 1 周，否则，容易溶血或者反应减弱。如果采用阿氏液，可以保存 4 周。注意血凝温度。

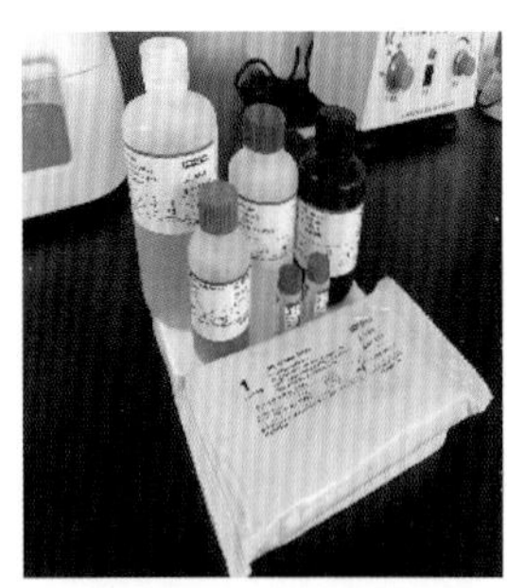
试剂盒温浴

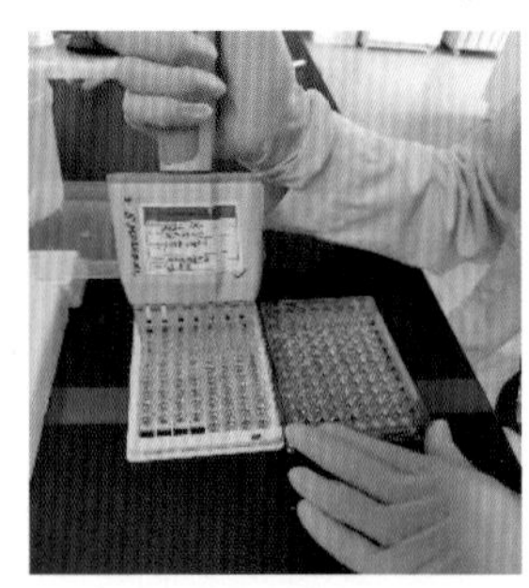
加血清

加二抗

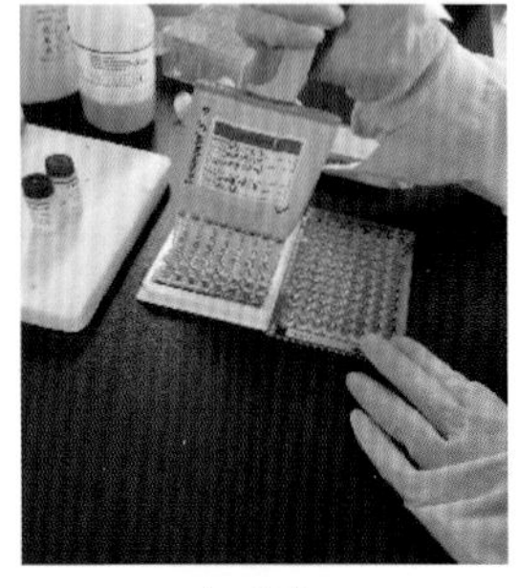
加底物

终止

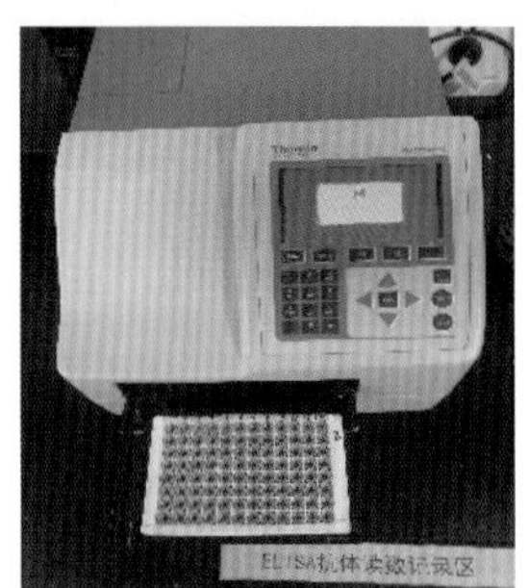

测定

间接 ELISA 检测流程图

注意事项：避免血清溶血，否则，会增加非特异性显色；保证血清样本新鲜，如有细菌污染，菌体中含有内源性 HRP，会出现假阳性；血清在 4℃存放时间长，会发生 IgG 聚合，一般超过 1 周需要冻存；冻存的血清，在溶解时不要剧烈震荡；混浊或有沉淀的血清，离心后再检测；注意洗涤要充分。

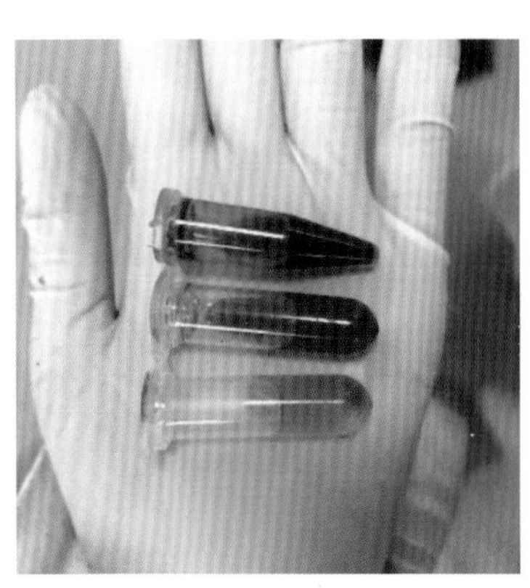

溶血样品对抗体检测的影响：溶血程度对血清检测 NSE（神经元特异性烯醇化酶）结果会有很大的影响。经研究表明，当血清中 Hb（平均红细胞）含量≥ 0.685 g/L 时，就会使血清 NSE 出现假阳性，每增加 1 g/L 的血红蛋白，就会使 NSE 含量增加 23.764 μg/L。NSE 含量随溶血程度而增加。同时血清的颜色也会对吸光度造成影响，也就是说溶血后，抗体检测 OD 值会发生变化，可能会出现假阳性，导致误判（引用），所以送检时尽量避免溶血样品的出现。

4. 免疫效果评价

通过抗体检测，可以发现抗体滴度未达到保护临界值、漏免及鸡群出现感染疾病等情况。

免疫效果评价

检测编号	原始编号	禽流感亚型H9抗体（2^n）	新城疫抗体（2n）
JZW200626-C03-X1	1	6	7
JZW200626-C03-X2	2	5	7
JZW200626-C03-X3	3	4	5
JZW200626-C03-X4	4	0	3
JZW200626-C03-X5	5	3	5
JZW200626-C03-X6	6	1	4
JZW200626-C03-X7	7	0	2
JZW200626-C03-X8	8	4	5
JZW200626-C03-X9	9	6	5
JZW200626-C03-X10	10	1	4
JZW200626-C03-X11	11	4	6
JZW200626-C03-X12	12	0	2
JZW200626-C03-X13	13	6	7
JZW200626-C03-X14	14	5	7
JZW200626-C03-X15	15	5	7
JZW200626-C03-X16	16	4	6
平均值	/	3.38	5.13
变异系数	/	66%	19.50%
阳性率	/	63%	81.20%

注：本表黄色部分显示该鸡群存在 H9 免疫漏免情况，不能判定鸡群存在 H9 感染。

四、药敏试验

使用抗菌药物是治疗细菌性疾病的有效措施，药敏试验能够准确体现药物的有效性。当鸡群出现细菌性疾病时，通过对病死鸡剖解，进行细菌分离，再做药物敏感性试验，筛选出对体内有害菌有效的药物。

药敏检测的方法及特点

药敏试验方法	特点	优势
纸片法	将浸有抗菌药物的纸片贴在涂有细菌的 MH 平板上，抗菌药物在 MH 琼脂内向四周扩散，其浓度呈梯度递减	是生产中最常用的药敏试验方法，简便易行，出结果快
试管法（MIC）	MIC 是指在体外试验中，抗菌药物能抑制培养基中细菌生长的最低浓度	可用于定量检查

（续表）

药敏试验方法	特点	优势
挖洞法	在接种的琼脂平板上挖洞，把药物放在洞内	适用于中草药煎剂、浸剂或不易溶解的药物
挖沟法	在接种的琼脂平板上挖沟，把药物放在沟内	适用于中草药煎剂、浸剂或不易溶解的药物
琼脂稀释法	同试管法相似，只是把液体培养基换成固体培养基	可用于定量检查
泡沫塑料片法	同纸片法相同，只是把纸片换成泡沫塑料片	简便易行，出结果快

1. 药敏检测流程

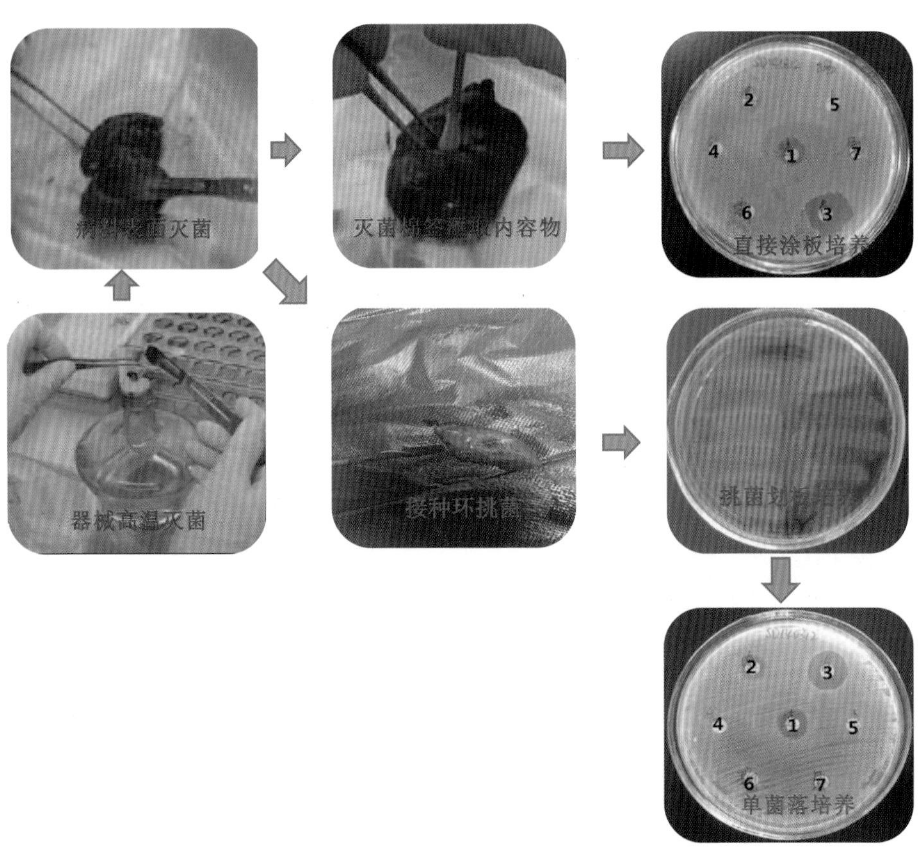

细菌分离及纸片法流程

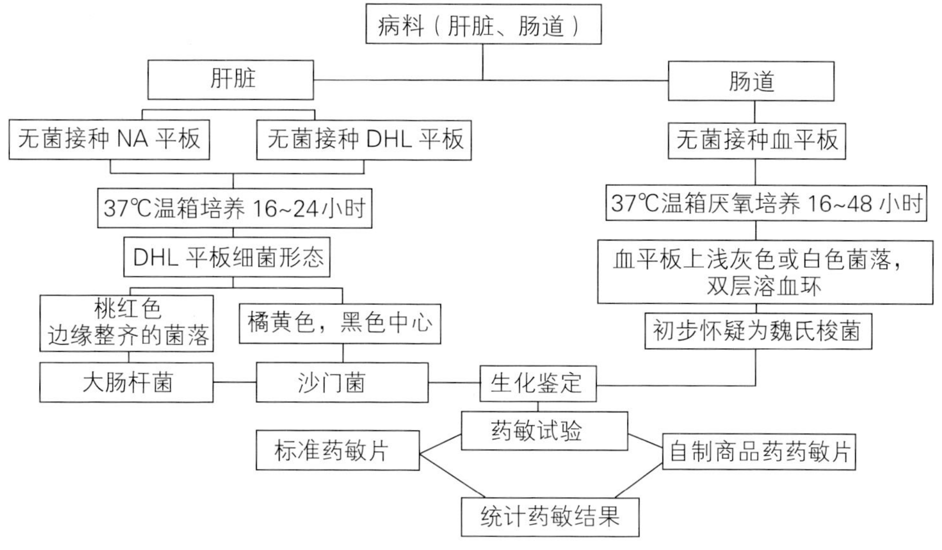

2. 药敏试验的应用及注意事项

取样时机：原发性细菌病基本为致病菌，分离于发病初期，不易分离；继发性细菌病为病毒及细菌继发感染，多为非致病菌，易分离；混合细菌病为多种细菌混合感染，分离于发病后期，不易分离。

病料采集对象

细菌种类	分离部位
大肠杆菌	肝脏、心包液、跗关节（腿病时）
沙门菌	肝脏、心包液、跗关节（腿病时）
葡萄球菌	肝脏、心包液、跗关节（腿病时）
产气荚膜梭菌	肠道
霉菌	肺脏、气囊
巴氏杆菌	肝脏、心包液

病料采样注意事项

- ◆ 病料新鲜
- ◆ 无菌采集
- ◆ 病料完整
- ◆ 做好标记

病料运输注意事项

- ◆ 保温箱或泡沫箱保存
- ◆ 冷藏保存，切勿冷冻
- ◆ 及时送检，低温保存，<24 小时

药敏结果分析

人员	药敏试验及结果分析
实验操作人员	1. 分清是什么菌 2. 该菌是否为致病菌 3. 判定哪种药物敏感
兽医师	1. 分析可能致病菌并根据其药物敏感度选药 2. 分析感染性疾病的发展规律及其与并发症或基础病的关系选药 3. 熟悉抗菌药的抗菌作用与药理特点 4. 依据药物残留并结合生产阶段选药

药敏试验关注的问题

关注问题	原因分析
没有分离到细菌	1. 实验室操作原因，未分离到细菌 2. 生产中大量使用抗菌类产品
没有出现敏感性药物	抗生素使用剂量过大，给药途径不当，给药浓度不恰当，无细菌并发症的病毒感染，均会造成机体对药物产生耐药性
如何根据药敏结果选择药物或联合使用药物	正常情况下选择抑菌圈比较大的药物，或者选择MIC值小的药物。选择联合用药的条件是两种药物的作用机制不同，也可以作用机制相同，但是作用于不同的环节。对于病因明确的感染，需要考虑联合用药
选择的药物治疗效果不明显	1. 分离细菌非致病菌；2. 机体处于发病后期；3. 机体处于存在病毒性疾病的混合感染；4. 使用的药物不易作用于靶器官

五、科学用药原则

1. 精准用药

精准用药适用于两方面：一是针对具体养殖场，根据药敏试验结果进行一对一用药；二是针对大的养殖区域，利用大数据分析与筛选该地区的敏感性药物，根据该部分药物的作用特点及休药期用药。

针对具体养殖场的用药，要根据药敏试验选择不同发病舍及不同样品共有的敏感性药物。

针对养殖区域筛选敏感性药物，要进行肉鸡养殖端细菌的区域性普查，并进行药物的耐药性分析。普查区域设定范围不要太大，2~3 个县范围能保证普查的准确性。普查采样时间要控制在 2 周内完成采样，才能保证样品的一致性。普查采样设定的部位为肝脏和肠道。取 3 只肉鸡，即可反映该鸡群情况。为确保细菌分离率，尽可能保证在用药前取样。区域敏感率高于 50%

为敏感药物。

2. 合理用药

合理用药的关键是如何发挥药物的最大效应，要考虑药物给药方式、药物作用特点，药物休药期及肉鸡机体状态。

肉鸡合理用药

合理用药	关注点
给药方式	对于肉鸡适合群体给药，首选饮水给药，其次为喷雾给药与拌料给药，对于个别严重鸡只可注射给药
药物作用特点	对于全身感染，首选口服易吸收的药物。对于不易吸收的药物，可采用喷雾或注射给药；对于肠道感染，可采用内服不吸收的药物 肠道易吸收药物：氟苯尼考、阿莫西林、强力霉素等；肠道不易吸收药物：新霉素、庆大霉素、卡那霉素等
休药期	在肉鸡上使用的可溶性粉剂休药期均大于 5 天；仅部分大环内酯类（泰乐菌素）和喹诺酮类（沙拉沙星）休药期低于 5 天
肉鸡机体状态	当对鸡群细菌感染治疗无效，病情急剧恶化时，应考虑改变治疗方向；当对鸡群治疗有效，但未能完全控制疾病，病情有所加重，应保留主要作用的药物；肉鸡肾脏受损情况下，避免使用四环素类、多黏菌素及氨基糖苷类抗生素；肉鸡肝脏受损情况下，避免使用大环内酯类、四环素类、磺胺类及酰胺醇类抗生素

3. 替抗产品的使用

随着国家对食品安全的重视，在养殖端逐步探索无抗和减抗模式，一部分非抗产品，如微生态制剂、抗菌肽、噬菌体及中药逐渐在生产中使用。

替抗产品的使用

类别	成分	作用	使用方法
微生态制剂	乳酸杆菌、芽孢杆菌、酵母菌及酶制剂等	调理肠道菌群状态，维持肠道菌群平衡	以预防为主，饮水、拌料均可
抗菌肽	由 20~50 个氨基酸组成的小肽	具有广谱抗菌性，对囊膜病毒也具有一定作用	以治疗为主，饮水、拌料均可
噬菌体	一类能够感染并裂解细菌、真菌、藻类、放线菌或螺旋体等微生物的病毒	裂解各种细菌，但有特异性	预防、治疗均可，饮水、拌料及喷雾使用均可
中药	含有皂苷、黄酮类成份	通过影响细胞壁渗透屏障，使细胞质外流，导致菌体死亡。通过抑制细胞膜上的多种呼吸酶合成酶，阻断其生物合成而达到抑菌作用	以预防为主，饮水、拌料均可

注意事项：

1. 选用微生态制剂时，首先是正规企业的合格产品，其次要明确所选产品的功能，不同微生态制剂的作用效果不同。
2. 使用微生态制剂时，要考虑环境因素的影响，一般实际用量要高于参考用量，治疗用量高于预防用量。
3. 微生态制剂尽早使用，不仅可以促进消化道内有益菌群的建立，而且可以刺激胃肠道发育，预防代谢病和消化道感染。
4. 要避免微生态制剂与抗生素或者抗菌药物同时使用，否则，会影响使用效果。

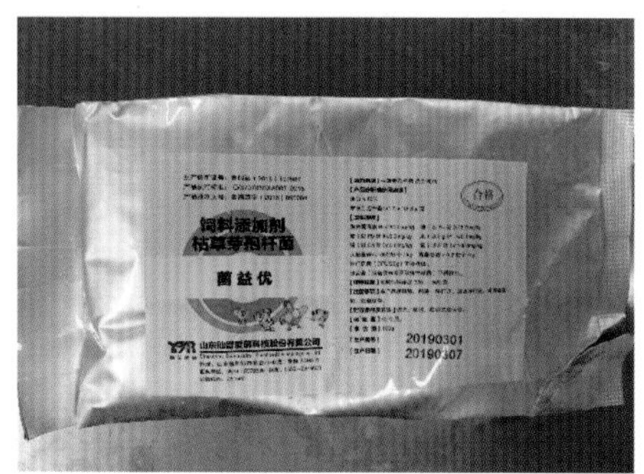

注意事项：

1. 目前抗菌肽类产品无合法批号，基本使用微生态产品批号。
2. 使用之前，可以做抑菌效果验证。

注意事项：

1. 目前噬菌体类产品无合法批号，基本使用环境改良剂产品批号。
2. 使用之前一定做细菌裂解率试验，确保噬菌体具有针对性。

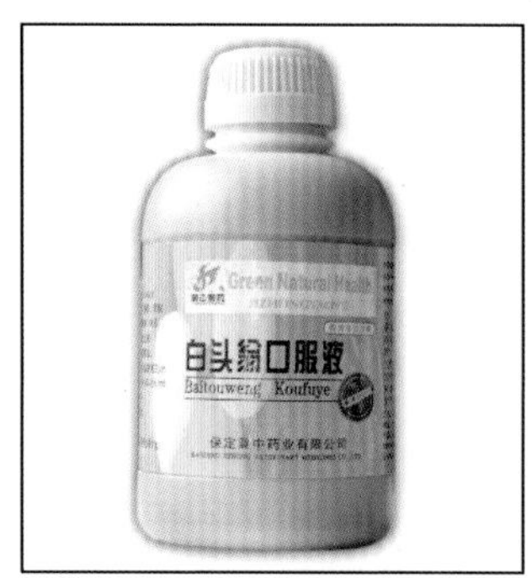

注意事项：

1. 出于食品安全考虑，要确保中药中无西药添加，要尽可能选择大厂家产品。
2. 目前商品肉禽使用全价料，中药选择口服液类产品
3. 中药剂量充足，才能确保使用效果。

微生态制剂产品的使用

商品名称	组成	生物限度	使用浓度
利可慷	粪肠球菌、嗜热链球菌、嗜酸乳杆菌、植物乳杆菌、罗伊氏乳杆菌、干酪乳杆菌、短双歧杆菌、婴儿双歧杆菌、动物双岐杆菌	大肠菌数≤ 100 cfu/g；霉菌数≤ 12 万 cfu/g，沙门氏菌不得检出	30 g/（100~200 ml 水）
禽乐宝	枯草芽孢杆菌、植物乳杆菌、乳酸片球菌	大肠杆菌≤ 10 万个 /kg；霉菌＜ 0.2 亿个 /kg	本品 100 g 兑水 1 000~2 000 千克
灵蓝宝	地衣芽孢杆菌 ≥ 10 亿 CFU/g	大肠菌群＜ 3 000 个 /100 g；0.2 亿个 /kg，杂菌率≤ 1%；沙门菌为 0（CFU/25 g），致病菌不得检出	本品适用于饲料加工厂和养殖场自配饲料，使用时应与饲料其他成分均匀混合，建议每吨配合饲料添加 200~300 g
替抗素	丁酸梭菌、枯草芽孢杆菌、粪肠球菌		推荐用量：每 100 g 本品添加于 1 t 饲料中或兑水 2 000 kg

注：当前的微生态制剂产品存在成分不确定，含量不统一，标准不统一，使用方法及适应证不确定等问题，给生产端应用带来不便。